KB098735

내 몸의 병을 내가 고치는

우리 집 건강 주치의, 〈내 몸을 살린다〉 시리즈 북!

현대인들에게 건강관리는 자칫 소홀히 여겨질 수 있는 부분이기도 합니다. 소 잃고 외양간 고친다는 말처럼, 큰 질병에 걸리고 나서야 건강의 소중함을 깨닫는 경우가 적지 않기 때문입니다. 이에 〈내 몸을 살린다〉 시리즈는 일상 속의 작은 습관들과 평상시의 노력만으로도 건강한 상태를 유지할 수 있는 새로운 건강 지표를 제시합니다.

〈내 몸을 살린다〉는 오랜 시간 검증된 다양한 치료법, 과학적·의학적 수치를 통해 현대인들 누구나 쉽게 일상 속에 적용할 수 있도록 구성되었습니다. 가정의학부터 영양학, 대체의학까지 다양한 분야의 전문가들이 기획 집필한 이 시리즈는 몸과 마음의 건강 모두를 열망하는 현대인들의 요구에 걸맞게 가장 핵심적이고 실행 가능한 내용만을 선별해 모았습니다. 흔히 건강관리도 하나의 노력이라고 합니다. 건강한 것을 가까이 할수록 몸도 마음도 건강해집니다. 책장에 꽂아둔 〈내 몸을 살린다〉 시리즈가 여러분에게 풍부한 건강 지식 정보를 제공하여 건강한 삶을 영위하는 든든한 가정 주치의가 될 것입니다.

아로니아,
내 몸을 살린다

한덕룡 지음

저자 소개

한덕룡
현재 중앙대학교 명예 교수인 저자는 국내 약용 식물 1호 박사 학위를 취득하였으며, 중앙대학교 약학대학장, 중앙대학원 대학원장, 한국 생약학회 회장, 보사부 중앙약사심의위원회 위원, 국방부 규격심의위원회 위원을 역임하였고, 정부로부터 국민훈장 모란장을 수여했다.
저서로는 「현대 생약학」「인도 의약」과 다수의 논문이 있다.

아로니아 내 몸을 살린다

1판 1쇄 인쇄 | 2011년 12월 20일
1판 6쇄 발행 | 2016년 04월 15일

지은이 | 한덕룡
발행인 | 이용길

발행처 | MOABOOKS 모아북스
관리 | 정 윤
디자인 | 이룸

출판등록번호 | 제 10-1857호
등록일자 | 1999. 11. 15
등록된 곳 | 경기도 고양시 일산구 백석동 1332-1 레이크하임 404호
대표 전화 | 0505-627-9784
팩스 | 031-902-5236
홈페이지 | http://www.moabooks.com
이메일 | moabooks@hanmail.net
ISBN | 978-89-97385-04-1 03570

이 책은 저작권법에 따라 보호를 받는 저작물이므로 무단전재와 무단복제를 금합니다.
이 책 내용의 전부 또는 일부를 이용하려면 반드시 모아북스의 서면동의를 받아야 합니다.

· 좋은 책은 좋은 독자가 만듭니다.
· 본 도서의 구성, 표현안을 오디오 및 영상물로 제작, 배포할 수 없습니다.
· 독자 여러분의 의견에 항상 귀를 기울이고 있습니다.
· 저자와의 협의 하에 인지를 붙이지 않습니다.
· 잘못 만들어진 책은 구입하신 서점이나 본사로 연락하시면 교환해 드립니다.

노화 방지, 생명 연장과 복원의 비밀

우리는 태어나는 순간부터 하루하루 나이를 먹어갑니다. 세월이 흐르면서 늙어가는 것은 인간의 숙명과 같습니다. 하지만 그 반대도 있다면 어떨까요?

아마 여러분도 최근 들어 주변에서, 물리적 나이보다 생체 나이가 중요하다는 말을 들어보셨을 것입니다. 생체 나이란 주민등록 상의 나이가 아닌 신체의 활력과 건강 정도를 체크해 계산하는 나이로서, 30대 젊은이가 잘못된 생활습관으로 인해 50대의 생체 나이를 보이는가 하면, 60대 노인이 40대의 생체 나이인 경우도 있습니다.

생체 나이와 노화

건강은 하루아침에 이루어지는 것이 아니라 꾸준한 관리를 통해서만이 이룰 수 있는 것입니다. 한 예로 평소 건강관리에 소홀하던 이가 하루하루 몸을 잘 관리하면 오히려 이전보다 젊어지는가 하면, 반대로 건강했던 사람도 오래 건강에 신경 쓰지 않으면 나이보다 늙어 보일 수밖에 없습니다. 그렇다면 젊고 활력 있는 생체 나이를 유지하려면 무엇에 주안점을 두어야 할까요?

최근 현대인의 가장 중요한 건강 화두를 꼽는다면 노화 방지를 들 수 있습니다. 노화는 인간이 어쩔 수 없이 받아들여야 하는 자연의 섭리와 같지만, 최근 노화를 늦출 수 있는 다양한 방법들이 발견된 것입니다.

나아가 이처럼 노화를 막고 젊음을 유지하기 위해서는 한 가지 사실에 주목해볼 필요가 있습니다. 바로 인체 노화의 주범 활성산소입니다.

활성산소와 질병

활성산소는 흔히 자동차의 배기가스를 생각하시면 됩니다. 자동차가 완전 연소되지 않는 배기가스를 배출하듯이 우리 몸에도 호흡을 하는 과정에서 우리 몸속으로 들어온 산소 중에 5%는 완전 연소되지 못하는 것입니다. 즉 환경오염과 화학물질, 자외선, 혈액순환장애, 스트레스 등으로

산소가 과잉 생산되고, 사과의 껍질을 벗기면 산소와 만나 누렇게 변하거나 철이 녹스는 것처럼 우리 몸도 이 활성산소로 인해 산화가 되는 것입니다.

이렇게 과잉 생산된 활성산소는 세포에 산화 작용을 일으키는데, 이렇게 되면 세포막, DNA, 그 외의 모든 세포 구조가 손상되고 손상의 범위에 따라 세포가 기능을 잃거나 변질됩니다. 또한 활성산소는 몸속의 여러 아미노산을 산화시켜 단백질의 기능 저하를 가져오고, 핵산을 손상시켜 핵산 염기의 변형과 유리, 결합의 절단, 당의 산화분해 등을 일으켜 돌연변이나 암의 원인이 되기도 합니다. 또한 생리적 기능을 저하시켜 각종 질병과 노화의 원인이 되기도 합니다.

항산화 작용과 아로니아

활성산소는 인체 노화의 주범이라고 불리는 유해산소로, 인체 세포를 녹슬게 만들어 질병과 노화의 원인이 됩니다.

이 활성산소는 공기 중 또는 음식물 등에 포함된 유해물질은 물론, 과격한 운동과 과식, 나아가 호흡으로도 발생합니다.

하지만 다행히도 우리 몸에는 이 활성산소를 해독해주는 항산화 물질들이 분비되고, 이 물질이 충분히 만들어지는 동안에는 건강할 수 있습니다. 하지만 잘못된 식습관과 노화가 오래 진행되면 이 물질의 생성 능력이 저하되게 되는데, 이럴 경우 활성산소에 대한 억제력이 약해지게 됩니다. 그렇다면 이 부족한 항산화 물질을 어디에서 공급받아야 할까요?

혹시 지난 2002년 미국의 뉴욕 타임스에서 발표한 〈세계 10대 건강식품〉을 기억하십니까? 이 식품들은 토마토, 마늘, 녹차, 시금치, 적포도주, 견과류, 브로콜리, 귀리, 연어, 블루베리였습니다. 그런데 이 음식들에는 한 가지 중요한 공통점이 있습니다. 각종 비타민과 미네랄 등의 항산화 성분이 다량 함유되어 있다는 점입니다.

즉 '음식이 보약' 이라는 옛말처럼, 평소 항산화 성분이 풍부한 음식을 섭취하고 생활습관을 건강하게 가지면 질병을 불러오는 노화를 지연시켜 나이보다 젊게 살고 질병에서 자유로워질 수 있다는 의미입니다.

이 책은 강력한 항산화 열매인 아로니아를 통해 노화를 방지하고 생체나이를 낮추는 방법을 제시하고자 합니다.

아로니아는 동북유럽에서 만병통치약이라고 불린 슈퍼베리의 일종으로 최근 심근경색과 뇌경색을 예방하는 천연 신약으로 주목받고 있는 동시에, 지구상에서 가장 강력한 항산화 물질을 보유한 천연 식물성 소재로 각광받고 있습니다.

- 오랜 질병으로 고통받고 계시는 분들
- 평소 심혈관 질환이 걱정되시는 분들
- 운동이 부족하거나 질병의 후유증이 있으신 분들
- 항상 피곤하고 활력이 없는 분들
- 시력 저하를 겪고 계시는 분들
- 가족들의 건강을 챙기고 싶은 분들

이제 이 책을 통해 슈퍼베리 아로니아가 선사할 놀라운 기적을 만나십시오.

한 덕 룡

차 례

1장 당신의 몸을 인터뷰하라

1) 100살을 넘게 산 사람들의 장수비결은

지금 우리가 살고 있는 21세기에는 혁신적인 변화가 일어나게 됩니다. 그중의 하나가 바로 평균수명의 연장입니다.

아주 오래전 선사시대에는 인간의 평균수명이 20세에 불과했습니다. 유전자와 신체 구조의 문제, 천재지변과 야생동물의 위협, 질병 등으로부터 자유롭지 못했기 때문입니다. 또한 로마 시대에는 평균수명이 22세였고, 중세 유럽에서는 40세만 살아도 장수했다는 말을 들었습니다. 또한 불과 20세기 초만 해도 47세 정도만 살아도 오래 사는 천혜를 누렸다고 말할 정도였지요.

그렇다면 지금은 어떻게 변했을까요? 우리나라의 경우, 다양한 분야에서 의학기술과 과학기술이 발전하면서 이제 1980년 국내에 2백 명에 불과하던 100세인이 2000년에는 2

천 2백 명으로 증가했습니다. 나아가 우리보다 인구가 많고 의학기술이 일찍 발전한 미국과 일본의 경우는 각각 수만 명의 100세인들이 살고 있지요.

또한 평균수명의 연장은 세계적인 추세라 미국 인구통계청의 통계에 의하면, 2050년이 되면 100세 이상 사는 사람이 세계적으로 6백만 명에 이를 것으로 전망되고 있습니다.

건강한 장수의 비결을 찾아서

대표적인 장수도시로 알려진 일본 오사카의 경우 100세를 넘어 1백 20세 이상 장수인이 5천 명 이상이라고 합니다. 최고령자인 1백 52세 할아버지와 1백 51세 할머니를 포함해 모두 79명이 1백 40세 이상을 살고 있고, 1백 30세가 1천 여 명, 1백 20세는 무려 3천 9백 여 명이나 됩니다.

이처럼 100세를 넘어선 장수는 누구나 꿈꾸는 것입니다. 그러나 이 같은 평균수명의 연장과 더불어 또 하나 주목해야 할 부분이 있습니다. 물리적으로 오래 사는 것을 넘어 목숨이 다할 때까지 건강하게 살아가는 이른바 '건강한 장수'에 관심이 모아지고 있다는 점입니다.

심지어 많은 노인들이 건강 유지와 질병 치료를 위해 드나드는 세브란스병원 노인내과의 한 전문가는 "노인 대부분이 생의 마지막까지 건강을 유지하고 싶어 한다. 건강하지 않으면 오래 사는 것은 의미가 없다"고까지 단언한 바 있습니다.

이 같은 건강한 장수 열풍이 불다보니, 노인들의 건강 유지를 위한 노력들도 커지고 있는 것이 사실입니다. 정기적으로 건강검진을 받고 꾸준히 운동을 하고, 심리적인 안정을 추구하고, 다양한 약들과 건강기능식품들을 통해 최대한 노화를 늦추고 질병을 예방하려고 노력하는 것입니다.

실로 노인들의 집에는 대부분 수북한 약봉지와 함께 많은 건강기능식품이 구비되어 있습니다. 실로 최근 들어 세계적으로 건강기능식품 분야의 매출은 폭발적으로 성장했습니다. 하지만 지금 여러분이 섭취하고 있는 약들과 건강보조제들은 과연 얼마나 믿을 만할까요? 장수의 비결이라고 불리는 여러 조건들을 충족시키기에 부족함이 없을까요? 나아가 정확한 정보 없이 이루어지는 무분별한 약 복용과 건강기능식품 섭취가 경제적 손실과 더불어 건강에도 영향을 미치고 있다는 점을 아십니까?

중요한 것은 항산화 기능이다

장수인들의 공통점은 단적으로 말하면, '노화가 천천히 진행된다'는 점입니다. 장수에 대한 세계 각국의 연구 결과를 종합하면, 장수인 열 명 중 아홉 명은 큰 병에 시달리지 않았으며, 세 명 중 한 명은 치매도 없었습니다.

또한 장수 여성의 경우 40세 이후 출산한 경험이 19.2%인 반면, 일반 여성은 40세 이후 출산 경험을 가진 이가 5.5%에 불과했습니다.

즉 이는 장수하는 사람일수록 인체의 노화가 느리게 진행되며, 이제는 모든 장수를 위한 건강 플랜이 항산화에 초점을 맞춰야 한다는 점을 보여줍니다. 즉 매일같이 병원을 드나들고 약 쇼핑을 하며 건강염려증에 시달리는 것보다, 항산화력의 강력한 식품과 제품을 적합하게 섭취하고 건강한 생활습관을 구축해나가는 것이 더 훌륭한 장수 방안일 수 있다는 의미입니다.

이제 집안을 둘러보십시오. 집안의 구조, 복용하고 있는 약, 섭취하고 있는 건강기능식품, 의복, 생활 패턴 등등 여러분의 장수에 도움이 되는 것과 도움이 되지 않는 것을 구분하실 수 있겠습니까?

2) 노화는 평등하게 오지 않는다

흔히 장수도 유전이라고 말합니다. 실제로 100세 이상 장수인의 형제들은 100세까지 살 확률이 일반인에 비해 15배 높다는 연구 결과가 있습니다.

하지만 장수 전문가들 하나같이 수명을 결정하는 유전적 요인은 30%일 뿐, 나머지는 후천적 요인에서 결정된다고 말합니다. 즉 장수인의 형제들은 어릴 때부터 비슷한 식생활과 환경에서 함께 자랐고, 어느 정도 성격적으로 비슷한 부분이 있다는 것입니다.

이런 면에서 장수와 관련된 후천적 요인은 크게 세 가지로 나눠볼 수 있습니다. 첫째는 육체적인 활동, 둘째는 생활습관과 식습관, 세 번째는 마음가짐입니다. 즉 건강한 육체 활력을 위해 적절히 움직이고, 먹는 것과 생활환경을 바르게 하며, 긍정적으로 느리게 사는 마음가짐을 가꾸는 것이 장수의 비결인 셈입니다.

하지만 현대를 살아가는 우리에게 장수와 가까운 삶은 쉽지만은 않습니다. 실로 현대인은 다양한 위험요소들로 인해 오히려 노화 속도가 빨라짐으로써 암과 심혈관 질환, 당뇨병 등의 위험 생활습관병에 노출되어 있습니다.

현대인의 노화 촉진 원인 ① : 스트레스

아침에 눈을 떠서 잠들기까지 현대인들은 다양한 인간관계와 업무 관계에 대한 의무감, 수많은 정보, 바쁜 생활 등으로 수없는 스트레스를 받게 됩니다. 한 통계에 의하면 한국인들의 80% 이상이 일상생활에서 스트레스를 느끼며 살아가고 있다고 합니다.

그런데 문제는 이런 스트레스가 우리 몸의 노화를 가속화하고 병을 불러온다는 점입니다. 학계에 보고된 정설에 의하면, 심장병, 고혈압, 암, 당뇨병 같은 성인병의 70%가 스트레스로 인해 발생하며, 한국 40대 남자 사망률 세계 1위도 스트레스라는 사실도 무관하지 않습니다.

나아가 스트레스는 세포 파괴와 신체 균형을 깨뜨리는 주범입니다. 스트레스가 발생되면 스트레스 호르몬이라고 불리는 아드레날린, 도파민, 코르티솔이 분비되어 혈압을 상승시키고 심장박동을 빠르게 하며, 혈액 속 당분 수치를 높여 심혈관 질환 및 당뇨병 유발을 촉진합니다. 따라서 스트레스를 잘 관리하는 것만이 노화와 질병 예방을 위한 첫 걸음입니다.

현대인의 노화 촉진 원인 ② : 잘못된 식습관

건강은 하루하루 쌓아가는 것인 만큼 오늘 내가 먹은 음식이 내 건강에 영향을 미칠 수밖에 없습니다. 현대 문명인을 괴롭히는 고지혈증, 고혈당, 고혈압, 지방간, 비만 등은 결국 과식, 영양 불균형 등 식생활의 문제라는 점에서 '식생활 병' 이라고 불러도 과언이 아닙니다.

지난 50년간 식탁의 서구화는 육류 위주의 식습관은 물론, 가공하거나 조미한 식품들, 간식류 등의 범람을 불러왔습니다. 나아가 바쁜 생활로 식사 시간이 불규칙해지면서, 영양 불균형과 면역력 약화 등도 새로운 문제점으로 불거지고 있습니다.

이처럼 잘못된 식습관이 오래 갈 경우, 우리 몸은 돌이킬 수 없는 혼란에 빠지고 큰 질병을 불러오는 만큼 건강하고 규칙적인 식단을 유지하도록 노력해야 합니다.

현대인의 노화 촉진 원인 ③ : 운동 부족

비만, 고혈압, 당뇨, 심장질환 등에는 또 다른 이름이 있습니다. 운동을 하지 않아 발생하는 '운동부족병(hypokinetic disease)', 도시에 사는 사람들에게 많이 나타나는 '도회병' 또는 '도시병' 입니다. 운동 부족은 필연적으로 비만을 불러옵니다. 과도한 칼로리가 소모되지 못함으로써 혈관과 세포에 찌꺼기가 쌓이고 체내 대사율이 떨어지고 노폐물 배출이 원활해지지 못하는 것입니다.

최근 다양한 조사에 의하면 거센 웰빙 열풍에도 불구하고 한국인의 비만율은 증가 추세에 있습니다. 그리고 이 같은 비만의 증가는 혈관 속의 지질 증가 등 다양한 후유증으로 인해 다양한 만성병과 생활습관병을 불러옵니다.

현대인의 노화 촉진 원인 ④ : 환경 오염

코넬 대학교의 연구에 의하면 전 세계 사망률 40%는 수질, 공기 그리고 토양 오염으로 인한 것이라고 발표한 바 있으며, 세계보건기구(WHO)역시 최근 급격한 인간 질병 증가의 주요 원인이 환경오염이라고 밝힌 바 있습니다. 환경의 오염은 천식과 기관지염, 폐기종 등의 호흡기 질환뿐만 아니라, 악성 질병 1위를 차지하는 '암' 에도 어김없이 영향을 미칩니다.

사실상 우리는 모두 몸 안에 일정한 수의 암세포를 가지고 있습니다. 이는 본래 정상 세포였던 것이 농약, 식품첨가물, 살균제, 화학물질 등등 다양한 외부 원인에서 발생하는 발암물질에 의해 암세포로 변화되는 것입니다. 면역력이 강할 때는 이 암 세포의 퇴치가 가능하지만, 환경적 요인에서 유입된 유독물질들이 지나칠 경우 면역력이 파괴되면서 암세포가 증가하게 됩니다.

나아가 70년대부터 본격적으로 이루어진 화학농법으로 인해, 지구상의 토양은 중요한 영양소인 미네랄을 무려 70% 손실된 것도 환경오염으로 인한 식품의 영양 손실을 초래합니다.

1922년 미국 농림부(USDA)의 조사에 따르면 1914년에는 사과 2개를 먹으면 1일 철분 양을 충분히 섭취했던 반면, 1922년에는 무려 13개의 사과를 먹어야 그 양을 채울 수 있다는 연구 결과가 나왔습니다. 일본의 과학기술청조사 연구에서도 마찬가지였습니다. 1952년 시금치 1단이면 채울 수 있었던 철분 양이 1993년에는 무려 19단의 시금치를 먹어야 충족되었습니다.

즉 이는 우리가 일반적으로 먹고 있는 밥상 위에서 기준치를 넘어서는 미네랄을 기대하는 것이 어려워졌다는 뜻입니다. 나아가 미네랄은 인체의 활성화와 면역력과 긴밀한 연관을 가지는 영양소로서 미네랄의 손실은 영양 불균형을 불러올 뿐 아니라, 불치병의 원인의 주요 원인이 되고 있습니다.

3) 무너진 내 몸을 복원하는 방법이 있나요?

스트레스와 잘못된 식습관, 그 외의 환경적 요인 등 이처럼 우리 몸은 보이지 않는 위험 요소들에게 공격받고 있습니다. 그리고 이런 위험 요소들이 오랫동안 쌓이게 되면 반드시 다양한 질병을 불러오게 됩니다. 하지만 문제는 질병 증상이 수면 위로 떠오르기 전까지는 대부분 그 위험성을 의식하지 못한다는 점입니다.

그렇다면 질병이 발생하기 전에 무너진 신체 균형을 바로 잡고 젊음과 건강을 되찾는 방법은 과연 없는 것일까요?

여기서 우리는 한 가지 중요한 사실을 살펴볼 필요가 있습니다. 지금까지 우리가 살펴본 다양한 위험 요소들은 필연적으로 한 가지 사실, 즉 노화와 연결된다는 점입니다. 따라서 건강의 복원은 결국 노화의 속도를 늦추고, 노화로 인해 손상된 세포를 재생시켜 다시금 원활한 대사활동을 복원시키는 일일 것입니다.

노화는 세포에서 시작된다

세포는 인체의 가장 작은 단위로서 우리 몸을 이루는 가장 중요한 근본입니다. 실로 우리 몸은 수십 조 개의 세포로 구성되어 있으며, 암과 심혈관 질환, 당뇨 등 그 외의 모든 질병들도 사실상은 세포의 노화와 관련이 있다고 볼 수 있습니다.

그리고 1991년 존스홉킨스 대학의 의학부가 "지구상 인류가 앓고 있는 질병은 총 3만6천 가지인데 이 모든 질병들의 원인은 활성산소다"라고 발표한 바 있듯이 세포 노화 요인 중에도 활성산소가 미치는 영향은 지대합니다.

활성산소는 흔히 프리 래디칼(자유기 : free radical)이라고도 불리는 인체 노화의 주범인 유해산소로서, 체내에서 불완전 연소된 산소 찌꺼기라고 볼 수 있는데, 이것이 과도하게 형성되면 가장 먼저 세포가 공격받게 됩니다. 건강하게 재생되어야 할 세포가 찌그러지고 변형되어 암세포로 발전되거나 독소를 만들어내는 것입니다.

활성산소를 막아야 질병도 막는다

그렇다면 활성산소는 왜 발생하고 어떻게 막아야 할까요? 활성산소가 발생하는 요인에는 내인성 요인과 외인성 요인 두 가지가 있는데, 내인성 요인은 호흡이나 음식물 대사처럼 정상적인 인체 활동에서 발생하는 활성산소를 뜻합니다.

그런데 문제는 이처럼 내인성으로 발생하는 활성산소도 사람마다 그 양이 천차만별이라는 점입니다. 한 예로 과식을 자주 하거나 식사 시간이 불규칙할 경우, 화학조미료나 첨가물이 많은 음식을 섭취할 경우, 규칙적으로 담백하고 건강한 음식을 먹는 사람보다 소화 과정과 해독 작용이 과도해져 더 많은 활성산소가 발생하게 됩니다. 나아가 가공식품에 포함된 니트로소아민, 스트레스에서 발생하는 스트레스 호르몬 등도 활성산소의 발생률을 높입니다.

두 번째는 외인성 요인입니다. 외인성 활성산소란 말 그대로 외부로부터 발생되는 활성산소로서, 흡연자의 경우

담배의 화학 성분이 폐로 흡입되면서, 도시에 사는 이들의 경우 매연에서 배출되는 배기가스와 미세먼지에 의해서도 활성산소가 발생합니다.

이렇게 활성산소가 발생하면 몸 구석구석에 퍼져나가는데, 특히 이 활성산소는 몸을 녹슬게 만드는 산화 성질이 있어 혈관 벽을 헐게 만들거나 세포를 변형시킵니다. 최근 연구 결과에 의하면 현대인의 질병 중 약 90%가 활성산소와 관련이 있다고 알려져 있으며, 암 · 동맥경화증 · 당뇨병 · 뇌졸중 · 심근경색증 · 간염 · 신장염 · 아토피 · 파킨슨병, 자외선과 방사선에 의한 질병 등도 활성산소와 깊은 관련이 있습니다.

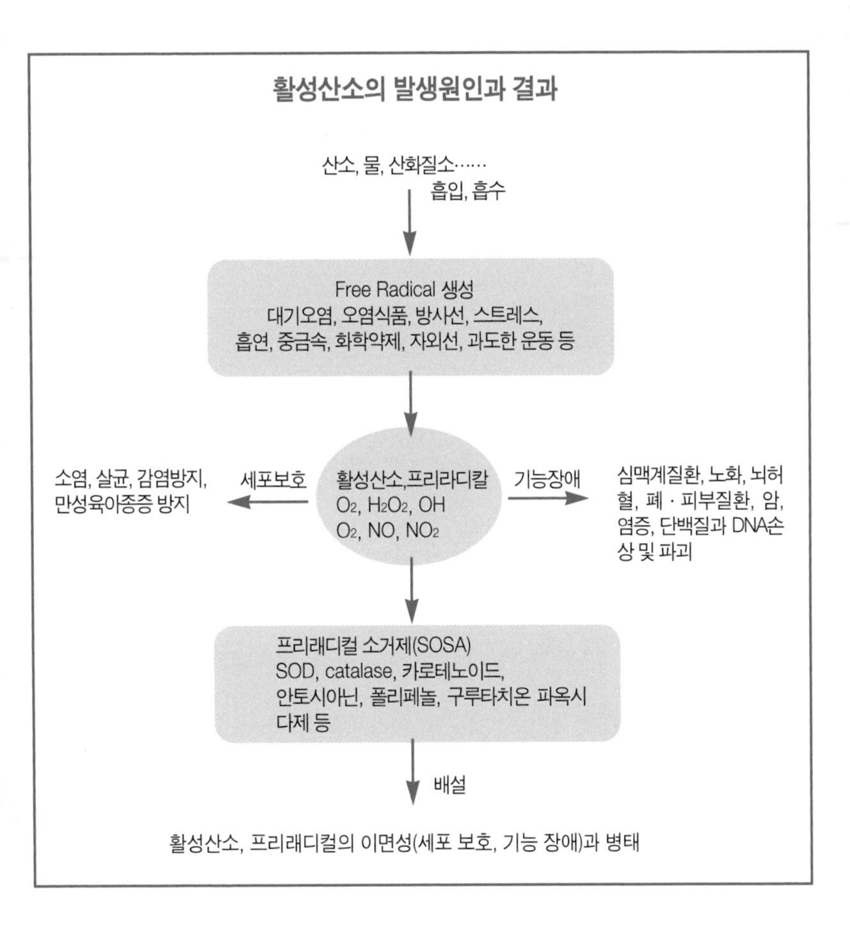

자연해독물질의 분비

하지만 이 노화 현상이 일방적으로 계속 진행되는 것만

은 아닙니다. 우리 체내에 존재하는 과산화소거효소(SOD : superoxide dismutase)와 세포의 원상복귀를 돕는 촉매효소(catalase) 등이 노화 물질을 소거하여 노화 방지 기능을 담당하기 때문입니다.

체내 항산화 효소들

종류	역할	관여 물질
SOD	O_2 제거	구리, 아연, 망간으로부터 생성
CAT	O_2H_2 제거	철이 조효소로 작용
GPX	H_2O_2 제거	셀레늄이 조효소로 작용

사실상 이 같은 내분비 항산화 물질이 원활하게 발휘될 경우 자연적인 인간의 수명은 120세에서 150세까지 대폭 늘어나게 됩니다. 문제는 이런 항산화 물질들이 노화나 외인성 요인들로 인해 분비량이 줄어들거나 파괴되기 때문입니다.

때문에 과학이 발달하면서부터는 자연 항산화제 말고도, 의학을 통해 항산화제를 제조하기에 이르렀습니다. 1969년

맥코드와 프리도비히(McCord와 Fridovich)가 항산화 효소 SOD를 발견한 뒤, 많은 이들이 생체 내의 활성산소와 이에 대한 방어 기구에 관심을 갖게 되면서 본격적으로 항산화제 연구를 시작한 것입니다.

이후 이 연구는 주로 식품 첨가물로서의 항산화제 개발에 집중됐다가, 최근에는 각종 질병 및 노화에 활성산소가 직접적인 원인으로 작용한다는 사실이 밝혀지면서 노화억제 및 질병치료제 연구로 전환되고 있습니다.

각각의 활성산소에 대항하는 항산화제들

- O_2-에 대항하는 항산화제

: SOD(구리, 아연, 망간), 비타민C, 폴리페놀, 플라보노이드, LIPOIC ACID

- H_2O_2에 대항하는 항산화제

: GPX, 셀레늄, 비타민 C, E, 베타카로틴, 폴리페놀, 플라보노이드, LIPOIC ACID

- OH에 대항하는 항산화제

: 비타민 C, E, 요산, 플라보노이드, LIPOIC ACID

- $^1O_2$에 대항하는 항산화제

: 비타민A, E, 요산, 폴리페놀, 카로티노이드, 플라보노이드, LIPOIC ACID

4) 생명을 연장시키는 영양 섭취법

현재 50세인 한국 여성은 평균적으로 84세까지 살 수 있다는 통계가 있으며, 노화 속도를 2분의 1로 유지할 경우 1백18세까지 살 수 있다고 합니다. 실제로 인간의 생체 나이는 최대 30년까지 줄일 수 있으며, 반대로 무절제한 생활로 최대 30년까지 늙는다고 합니다.

특히 연령대가 높을수록 생체 나이 차이가 커져 55세 초등학교 동창생들 사이에서 생체 나이가 무려 15세 벌어지는 경우도 있다고 합니다.

나아가 생체 나이를 낮추려면 질병을 일으키는 요소의 30%를 차지하는 나쁜 생활 습관을 방지해, 잘못된 사고방식과 불규칙한 일상생활, 지나친 스트레스, 흡연, 음주, 기호식품 과식, 과로, 수면부족, 약물남용, 공해 등을 피해야 하며, 나아가 충분한 항산화 식품을 섭취함으로써 나이가 들수록 분비가 줄어드는 자연 항산화 물질의 부족분을 채

워주어야 합니다.

항산화 물질이 풍부한 음식들

실로 전문가들은 항산화 물질을 섭취하는 가장 용이한 길은 항산화 물질을 적극적으로 섭취할 수 있는 적절한 식이요법이라고 입을 모아 강조합니다. 한 예로 KBS 방송국의 〈생로병사의 비밀〉에 등장한 강 모(60)씨를 봅시다. 이 프로그램에서 그는 97년 폐암 3기 말을 진단받고도 누구보다 건강한 모습을 보여주어 시청자들을 놀라게 했습니다. 그런데 그의 밥상에 매끼 오르는 3대 음식이 바로 마늘과 양파, 청국장입니다.

이 세 음식의 특징은 무엇일까요? 바로 항산화 물질이 풍부해서 대표적인 건강식으로 알려져 있다는 점입니다. 다음은 우리가 흔히 주변에서 구해 먹을 수 있는 잘 알려진 항산화 음식들을 정리한 것입니다.

다양한 야채

야채는 몸 구석구석에 항산화 물질을 전달해 질병 가능성을 줄이고 활력을 높여줍니다. 한 예로 우리 뇌 역시 활성산소의 공격을 받으면 세포가 퇴화하는데, 13,388 명의 간호사들을 대상으로 이들의 10년간 식습관을 조사한 결과, 브로콜리, 콜리플라워, 시금치, 상추 등을 많이 섭취한 여성들은 60대 무렵 습득 능력이나 기억력 감퇴 비율이 현저하게 낮았다고 합니다. 또한 채소를 더 많이 섭취한 사람일수록 인지 능력이 더 우수했습니다. 이는 야채에 함유된 필수 비타민, 무기질, 그리고 항산화 물질이 신체 지방을 감소시키고 열량을 낮추며 세포 산화나 파괴를 억제하기 때문입니다.

컬러 푸드

야채들 중에서도 컬러 푸드는 각각의 색깔에 풍부한 항산화 물질이 포함된 대표적인 항산화 야채입니다.

① 빨강 : 토마토, 딸기, 사과, 수박

- 이 야채들의 붉은색에는 강력한 항산화제인 라이코펜이 많습니다. 토마토의 경우는 기름으로 익히면 라이코펜이 최고 7배까지 높아집니다. 라이코펜은 전립선 질환(비대증)에 효과가 높아 제제화 되어 있고, 딸기에는 안토시아

닌이 포함되어 있어 항산화 기능이 강합니다.

② 노랑 - 당근, 바나나, 오렌지, 단호박

- 노란색 베타카로틴은 강력한 항산화제이기도 하면서 몸속에서 비타민A로 바뀌어 노화방지에 효과적입니다.

③ 보라 - 와인, 포도, 가지, 복분자

- 와인에는 폴리페놀 함량이 높습니다. 와인의 원료가 되는 포도 역시 항산화 식품인데 발효 처리를 하면 그 효능이 더 높아집니다.

④ 검정 - 검은콩, 검은깨, 김, 미역

- 검은콩에는 안토시아닌이라는 수용성 색소 함량이 높은데 이것이 활성산소를 중화시키는 효과가 있습니다.

견과류

호두, 땅콩, 호박씨, 아몬드 등의 견과류는 다량의 항산화 물질이 다량 포함되어 있으며 육류를 대체할 단백질, 비타민과 미네랄, 그리고 식이섬유도 풍부합니다. 다양한 연구 결과에 의하면 견과류를 일상적으로 섭취하면 심장질환이 나 당뇨병, 담석, 암 등을 예방한다고 합니다.

콩류와 곡류

두부, 콩, 두유, 된장과 청국장 등의 콩류는 항산화제인 이소플라본 등 식물성 에스트로젠을 많이 함유하고 있어 항산화 작용에 큰 도움이 됩니다.

마찬가지로 현미와 여타 잡곡류에도 쌀눈과 배아 부분에 강력한 항산화 물질과 더불어 다양한 영양소가 포함되어 있는 만큼 평소 잡곡밥을 즐겨 먹으면 항산화 효과를 기대할 수 있습니다.

항산화제가 많이 함유된 음식

과 일	채 소
건자두, < 건포도, <블루베리, <블랙베리, <딸기, <라스베리, <아로니아	새싹채소, <브로콜리순, < 비트, <붉은 피망, <양파, <옥수수, < 가지

2장 왜 안토시아닌에 주목해야 하는가?

1) 자연의 생명력이 질병을 치료한다

현대인의 삶은 자연과는 멀리 떨어진 것입니다. 답답한 콘크리트 건물에서 살아가며 시간에 쫓기고, 출퇴근길에는 매연과 유해 공기를 마시며 오가고, 인스턴트 식품으로 한 끼를 때우는 삶은 자연을 잊고 인위적인 틀 안에 스스로를 가둬버리는 삶과 같습니다.

하지만 인간의 삶과 죽음도 결국은 자연의 일부입니다. 아무리 예전과는 비교할 수 없는 커다란 부를 이루었다고 해도 자연의 순리를 따르지 않는 삶은 결국 언젠가는 파열음을 낼 수밖에 없는 것입니다.

이는 질병 치료와 예방에서도 마찬가지입니다. 의학기술이 발전하면서 암에 대항한 항암요법, 당뇨에 대항한 인슐린 투여 등 난치병에 대한 대규모의 대중치료가 시행되고 있지만, 그럼에도 암과 당뇨로 인한 사망자는 점차 늘어나

고만 있습니다. 즉 질병의 근본적 원인을 제거하지 않는, 인체 자연 사이클을 무시하는 치료는 결국 반쪽의 치유밖에 될 수 없는 것입니다.

서양의학의 한계를 알아야 한다

최근 자연치유, 대체치료를 원하는 이들의 목소리가 높아지고 있는 것도 이 같은 맥락에서 이해해야 합니다.

의학의 신기원을 이루었다고 평가되는 21세기를 살아가면서도, 아직 우리는 질병으로부터 자유롭지 못합니다. 아니 오히려 해마다 증가하는 암으로 매해 10만 여 명이 사망하고 있으며, 또 다시 10만 여 명이 심혈관 질환과 당뇨로 세상과 하직합니다. 나아가 2만 여 명의 사람들이 심장 질환 등으로 돌연사합니다. 즉 한 해 전체 사망자의 무려 70%의 사람들이 만성생활습관병으로 사망하고 있는 것입니다.

하지만 이에 대처하는 서양의학은 어떻습니까? 서양의학은 단적으로 말해 대증치료를 주로 하는 치료법입니다. 절제술과 같은 외과적 처지로 만성병을 다루는 것은 물론, 항암제나, 혈당강하제, 혈압강하제, 항생제, 면역억제제 등을 투여해 눈에 드러난 증상을 신속하게 억제하는 데 목표를 두고 있습니다.

하지만 이처럼 대증요법이 일상화될 경우 처음 몇 번은 신속하게 증상이 개선되지만 그에 따른 다양한 부작용이 발생하고, 나아가 신체 면역 균형이 붕괴되면서 치명적인 면역저하 현상이 나타납니다. 계속해서 투입되는 화학 제제로 인해 인체가 자율적인 조절 능력을 잃어버림으로써 신체 방어 기능이 무기력해져버리는 것입니다.

그 이후는 과연 어떤 일이 벌어질까요? 서랍 속에 약 봉지를 수북하게 쌓아놓고 쇼핑하듯이 병원을 드나들어야 하는 끔찍한 삶이 펼쳐지게 됩니다.

원인 치료를 목적으로 하는 자연의학

자연의학이 서양의학과 가장 눈에 띄게 다른 점은 무엇일까요? 바로 증상보다는 원인을 치료하는 데 주안점을 둔다는 점입니다.

예를 들어 암 치료에서도 자연의학은 무분별한 절제술이나 방사선 치료를 반대합니다. 실로 암은 감기 같은 바이러스 질환처럼 단시간에 걸리는 병이 아닙니다. 외부적인 위협 요소와 내부적 스트레스 등으로 지속적으로 자극을 받음으로써 인체의 면역체계가 무너져 암세포가 성장하면서 생기는 질병입니다. 따라서 무리하게 암세포를 도려내거나 태워 죽이는 대신, 인간이 가진 본래의 치유력을 극대화시켜 우리 몸이 스스로 증상을 치료하도록 돕습니다. 실로 우리 몸은 약 100조 개의 세포로 이루어져 있으며, 건강한 사람이나 그렇지 않은 사람이나 매일매일 100만 개 정도의 새로운 암 세포가 생겨납니다.

이때 건강한 사람은 몸 안의 방어 체계인 백혈구가 활발하게 활동해 거뜬히 이 암세포들과 싸우고 이를 새로운 세포로 교환하는 데 무리가 없지만, 건강하지 못할 경우 이 치유 능력이 떨어져 암세포가 증가하게 되는 것입니다.

이때 자연의학은 바로 이 같은 백혈구의 활동과 본래의 자연치유력을 강화시켜 우리 몸이 스스로 질병과 싸우도록 할 뿐만 아니라 근본적으로 건강체를 만들어 다시는 질병이 재발하지 않도록 하는 데 목적이 있습니다. 나아가 이는 암 치료뿐만 아니라 다른 질병치료에서도 마찬가지입니다. 당뇨와 심혈관 질환 등 난치병이라 불리는 다른 질병들 또한 비슷한 기전에서 발생하는 만큼 근원적 치유와 재발 방지가 가장 중요한 치료 목적이라고 하겠습니다.

2) 자연이 내린 놀라운 선물, 안토시아닌

최근 자연의학의 가장 중요한 화두는 무엇일까요? 자연의학의 영역은 사실상 광범위하다고 볼 수 있습니다. 자연의학이란 말 그대로 자연에서 생산되는 효과가 입증된 약용식물을 사용하는 것은 물론이거니와 아야루베이다(Ayurveda, 인도의 전승의약)와 같은 마사지 요법, 향기요법, 온열 요법 등의 다양한 치료 방법을 동원하기 때문입니다.

하지만 이 모든 자연치유에서도 중시 되는 것이 바로 식이요법입니다. 음식물로 고치지 못한 병은 약으로도 고칠 수 없다는 히포크라테스의 말처럼 식약동원(食藥同源), 즉 음식이 약이 된다는 이론을 중시하는 것이 자연의학의 기본입니다.

안토시아닌이란 무엇인가?

블랙베리, 아로니아, 포도, 자색 양파, 자색 고구마, 검은콩, 검은쌀, 검은깨, 가지….

이 채과류에는 하나의 공통점이 있는데 무엇일까요? 그

외양들을 상상해보시면 금방 떠오르겠지만, 바로 과육이나 곡물 안에 함유된 짙은 적자색의 천연색소 입니다.

이 짙은 적자색의 색소는 안토시아닌이라고 불리는데, 안토시아닌이라는 이름은 꽃이라는 뜻을 가진 안토스(Anthos, 花)와 파란색이라는 의미를 가진 시아노스(Cyanos, 靑)라는 그리스어가 합쳐져 만들어진 복합어로, 특히 껍질이 부드럽고 색이 진한 부드러운 과일, 특히 베리류의 과일에 많이 함유되어 있습니다.

이 안토시아닌이란 명칭은 1835년 Marquart에 의해 처음 발견된 것으로, 주로 식물의 꽃잎과 과실, 줄기에 존재하는 천연 색소 배당체로서 현재까지 약 650종이 식물에서 분리되었다고 합니다.

특히 햇빛과 자외선이 강렬하고 습기가 높으며 추운 지역에서 고농도의 안토시아닌이 생성되는데 이는 강한 자외선이 식물 세포핵의 DNA를 손상시켜 생체 변질 또는 세포를 파괴하는 것에 맞서기 위해 식물 표면과 중간층에 안토시아닌을 다량 생성시켜 자외선을 흡수하기 때문입니다. 즉 이 식물들에서 만일 안토시아닌이라는 물질이 생성되지 않는다면 그 식물은 각종 위기 환경을 버티지 못하고 생명을 잃게 될 것입니다.

안토시아닌의 구조와 화합물

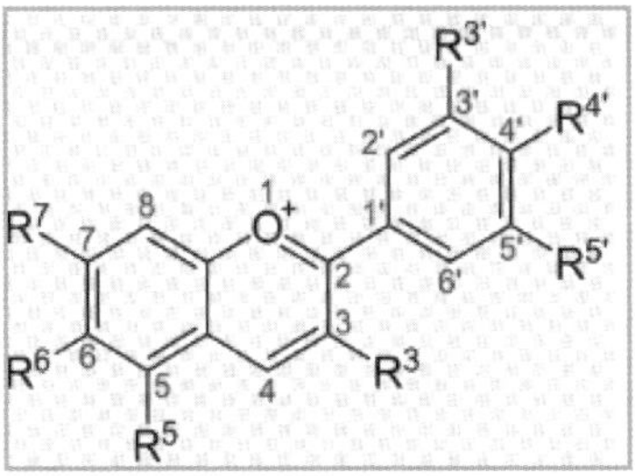

안토시안화합물 Compount	RR' R''	Glyc.(결합당)
델피니딘(Delphinidin)	-3-O-glycoside OH OH OH	arab. or gluc. or galact
시아니딘(Cyanidin)	-3-O-glycoside OH OH H	arab. or gluc. or galact. or xylo
페투니딘(Petunidin)	-3-O-glycoside OMe OH OH	arab. or gluc. or galact
페오니딘(Peonidin)	-3-O-glycoside OH OH H	arab. or gluc. or galact
말비딘(Malvidin)	-3-O-glycoside OMe OH OMe	arab. or gluc. or galact

안토시아닌의 광범위한 효능

이처럼 안토시아닌은 놀라운 생명력의 결과에서 생성되는 만큼 그 효능 또한 광범위하다고 알려져 있습니다.

우선 미국 인간영양연구센터(Human Nutrition Research Center)의 2002년도 연구결과에 의하면, 안토시아닌은 산화방지 작용이 월등해 체세포를 보호하고 면역체계를 증진할 뿐만 아니라, 항암작용에도 뛰어난 효과가 있다고 합니다.

나아가 안토시아닌의 적자색의 색소는 혈관 내의 노폐물을 용해, 배설시켜서 심맥계 질환과 뇌졸중을 예방하고, 혈액을 정화하는가 하면, 특히 시력회복에도 큰 효과를 보입니다. 안구 망막의 색소체 로돕신(시홍,視紅)의 재합성을 촉진해 눈의 피로, 시력 저하와 같은 시각 장애를 예방, 치료하는 것입니다. 이 때문에 이탈리아에서는 이미 그 효능을 인정해 1970년대부터 안토시아닌을 의약품으로 사용하고 있으며, 이밖에도 바이러스와 세균을 억제하는 역할도 한다고 알려져 있습니다.

언론에서 말하는 안토시아닌

그렇다면 이 같은 안토시아닌의 효능이 널리 알려지게 된 계기는 무엇일까요?

최근 TV 건강프로그램에서는 다양한 건강 아이콘들을

소개하면서 웰빙 시대의 건강관리를 이끌어가고 있습니다. 그리고 이 프로그램들이 주목하고 있는 최고의 건강 아이콘 중에 하나가 바로 안토시아닌입니다. 타임지에서도 이미 10대 수퍼 푸드의 하나로 블루베리 안토시안을 지목하고 있습니다(2009).

한 건강프로그램 방송에 의하면 미국 오하이오 주립대학 실험팀이 유전성 대장암 환자에게 안토시아닌이 다량 함유된 블랙 라즈베리를 장기간 복용시킨 결과, 환자 70%의 대장 속 용종이 절반으로 줄어들었다고 합니다.

안토시아닌을 함유한 과채류 중에서도 베리 장과류는 가장 높은 함량을 자랑하는데, 베리류는 다른 과실에 비해서 베리류에 수용성 식이섬유가 많이 포함돼 있어 콜레스테롤을 낮추고, 항산화제 역할을 하는 안토시아닌 성분이 다른 과일에 비해 4배나 많기 때문입니다.

백과사전에서 말해주는 안토시아닌

안토시아닌은 식물에게는 물론 인간에게도 이로운 물질로 많은 임상실험이 이루어진 상태이다. 실험을 통해 밝혀진 효능은 매우 많으나 가장 대표적인 효능을 살펴보면 다음과 같다.

1) 항산화 효과 (노화방지효과)

세포가 노화하는 과정에서 활성산소가 발생하는데 안토시아닌은 이 활성산소를 제거하는 능력이 매우 뛰어나다. 일반적으로 알려진 비타민 계열, 카로틴 계열, 셀레늄 또는 토코페롤 계열 등의 항산화제 중에서 최고의 효과를 낸다.

2) 시력개선 효과

안토시아닌은 사람의 안구 망막에 있는 로돕신이라는 색소의 재합성을 촉진한다. 로돕신은 광자극에 의한 분해와 재합성으로 시각영역의 정보를 두뇌에 전달하는 핵심물질이다. 로돕신이 부족하면 눈 피로, 시력 저하, 백내장, 암 등이 유발 될 수 있다. 안토시아닌은 로돕신의 재합성을 촉진하는 역학을 한다.

3) 혈관질환 예방과 개선효과

안토시아닌은 플라보노이드 계열의 색소로 동맥에 침전물이 생기는 것을 막는 효과가 있고, 콜레스테롤을 억제하는 효과도 있어 심장 질환, 혈관 질환, 뇌졸중 등의 혈액과 관련한 질환의 치료에 도움을 준다.

4) 그 밖의 효능

소염 및 살균작용 2. 인슐린 생성량을 높이는 작용

3. 기억력 개선

(출처 : 위키디피아)

3)안토시아닌 발견의 역사

북유럽의 전통약 Bilberry

블루베리의 대표적인 품종은 빌베리(Bilberry)라고도 하는 북유럽 야생종인 바키늄 밀티루스 (Vaccinum myrtillus)입니다.

이 빌베리의 열매는 전통 북유럽 지역에서 '시력강화' 에 쓰여 왔고, 다른 품종의 블루베리에 비해 열매가 매우 작지만 안토시아닌의 함량은 2~3배나 많다고 합니다.

특히 블루베리는 세계 2차 대전 후기에 영국 공군의 조종사들이 섭취하여 야간비행에서 시력보강에 유리함이 역학적으로 입증되었는데, 이때 쓰인 것은 주로 핀란드산의 장과였습니다.

안토시아닌 성분은 17종에 이르고 cy-3-gal, cy-3-glu 등과 페투니딘-3-gal, 델피니딘-3-glu 등이다.

이 북유럽산 야생 빌베리는 1970년대 초 이탈리아에서 처음으로 '시력강화약품' 으로 개발되고 이어 프랑스에서도 제약화 되었습니다.

이 품종은 캐나다 동남부, 미국의 메인 주에서 재배되어 블루베리의 주류를 이루고 있습니다.

프랑스에서의 안토시아닌 역학 조사

프랑스 사람들은 레드와인을 많이 섭취합니다. 통계 조사에 의하면 주변국가의 사람들에 비해 3배 이상의 음주(포도주)량입니다. 그런데 놀라운 것은 이 음주량에 비해 심질환, 고지혈증에 의한 사망률은 유럽존에서 가장 낮다는 점입니다. 역학조사 결과 인구 10만당 허혈성 심질환에 의한 사망률은 프랑스 90, 핀란드 300으로 약 3배의 차이가 났습니다.

이런 내용은 세계보건기구 WHO에 의한 조사(1985년), 프랑스 리용대학의 Renaud 교수의 역학조사(1992년)에서 밝혀졌습니다.

이런 내용은 레드와인의 말비디 등의 안토시아닌에 의한 유효한 작용이라 했고, 이 사실을 'French Paradox'라는 명명이 붙게 되었습니다.

미국의 CBS TV의 인기 방송에서 이런 사실을 방송하였고(1991년 11월), 프랑스 사람들의 음주량과 사망률, 치매, 알츠하이머병 등의 리스크에 대해서도 보르도 대학 orgoza 교수의 병태조사가 발표되기도 했다. (1997년)

아로니아베리의 안토시안과 폴란드의 역설(Polish paradox)

1970년대 당시 폴란드는 공산당 치하에 있었던 서부폴란드 지역 주민들은 그들이 말하는 국민병에 관계되는 질병을 가진 사람들이 많이 있었습니다. 그들은 고염식과 지단백 과다 섭취로 고혈압, 심맥계 질환 등의 생활 습관병이 널리 퍼져 있어 이를 국민병이라 말하기도 했습니다.

이럴 즈음 프랑스 파라독스의 영향을 받아 남부러시아와 동유럽에서 전통적으로 쓰여 오던 '희귀약' 아로니아베리에 착안하여 정부 차원에서 아로니아베리를 도입, 대대적인 재배를 시도하여 마침내 '국민약' 으로 개발하는데 성공하였습니다.

아로니아베리의 기원식물은 Alonia melanocarpa이고 동유럽 원산으로 되어 있는 장미과의 식물입니다.

아로니아베리는 일명 블랙쵸크베리라고도 합니다. 이 아로니아 장과는 뒤에 기술 되는 것처럼 이 지구상에서 안토시아닌의 함량이 자연계 최고이고, 그 성분은 드문 예이지만 단일 시아니딘 배당체(cyanidine glycoside)로 구성되어 있다는 특징이 있습니다. 일반적으로 cy-3-gly로 표시되는 cyanidin-3-galactoride, cyanidin-3-xyloside 등입니다. 더불어 생명체 방어, 세균 억제, 해독 기능을 갖는 카테킨과 당뇨, 바이러스 억제 등에도 유효한 크로로겐산은 여타의 베리보다 그 함량이 월등하며 산도필(Xanthophyll), 루테인(Lutein) 등은 항산화제, 시력개선, 면역, 전립선 질환에 큰 도움을 줍니다.

아로니아베리로 해서 폴란드의 국민병이 개선됨으로서 그들은 이 사실을 폴란드 파라독스라고들 합니다.

4) 안토시아닌의 강력한 항산화 작용

이처럼 안토시아닌은 다양한 약리효과를 통해 이미 그 효과를 세계적으로 입증했다고 볼 수 있습니다. 그러나 무엇보다도 안토시아닌이라는 물질이 현대인의 건강에 큰 의미를 가지는 것은 바로 강력한 항산화 효과 때문입니다.

불로장생이라는 전 인류가 소원하는 화두 앞에서 인간은 지금까지 다양한 식품을 통해 건강을 유지하고 질병을 치료해왔습니다. 마찬가지로 안토시아닌도 다양한 과채류에 포함된 짙은 색소의 형태로 지금까지 인류의 건강을 보존하고 개선하는 데 끊임없는 역할을 해왔다고 볼 수 있을 것입니다.

많이 먹을수록 젊어지는 적자색 채소와 과실들

적자색 과채류가 건강에 좋다는 것은 알지만 그 기전을 제대로 아는 사람은 많지 않습니다. 막연히 컬러 푸드라면 좋겠거니 생각하는 정도가 일반적일 것입니다. 그렇다면 어째서 많은 의학자들이 안토시아닌이 포함된 적자색 채소와 과실을 적극적으로 추천하는 것일까요?

안토시아닌의 효능을 대략 위에서 살펴보았지만 여기서는 노화의 직접적인 원인이 되는 활성산소와 항산화 물질의 관계에 대해 살펴봐야 합니다.

앞서 우리는 체내에서 생성되는 자연 항산화 효소 외에 체외에서 음식으로 흡수되는 항산화 물질들이 체내의 활성산소를 제거해 세포 노화를 늦춘다는 점을 살펴보았습니다. 이처럼 항산화 효과를 보이는 물질로는 비타민 A, B, C, E, 셀레늄 등이 대표적인데, 안토시아닌은 이 토코페롤보다 5~7배 강한 효과를 낸다고 알려져 있습니다.

항산화제의 역할

ⓐ 노화작용을 억제한다.
ⓑ 콜레스테롤 수치를 낮춘다.
ⓒ 암의 발병을 억제한다.
ⓓ 환경오염으로부터 몸을 보호한다.
ⓔ 심혈관질환과 뇌졸중, 동맥경화 등을 예방한다.
ⓕ 알츠하이머의 진행을 느리게 한다.

안토시아닌의 함량을 살펴야 한다

채과류의 적자색 색소인 안토시아닌은 그 자체로 훌륭한 산화방지제 역할을 합니다. 그런데 한 가지 염두에 두어야 할 점은 채과류마다 이 안토시아닌의 함유량에서 차이를 보인다는 것입니다. 안토시아닌의 함유량이 높다고 알려진 블루베리의 경우, 불과 10년 전만 해도 한국에서는 찾아보기 어려운 식품이었던 만큼 대체물인 포도와 가지, 검은콩 등을 많이 섭취하면 일정량의 안토시아닌을 섭취할 수 있다고 권장했지요. 하지만 이 식품들은 블루베리에 비해 안토시아닌 함량이 적기 때문에 블루베리를 섭취할 때보다 많은 양을 섭취하지 않으면 안 됐습니다. 즉 이왕이면 안토시아닌 함량이 많은 식품을 섭취하는 쪽이 안토시아닌 흡수에 용이한 만큼 안토시아닌이 많이 함유된 식품 위주로 선택하는 것이 중요합니다.

그렇다면 적자색 과채류 중에 안토시아닌 함량이 가장 높은 과채류는 무엇일까요?

대표적으로 동유럽의 만병통치약이라고 불리는 아로니아입니다. 아로니아는 일명 블랙초크베리라는 이름으로도 불리는 다년생 관목 장미과 식물로서 러시아와 동북 유럽,

북아메리카에 서식하며 최근에는 기후적 지리적 여건이 적합한 폴란드에서 전 세계 물량 95% 이상이 재배되고 있습니다. 현재 밝혀진 다양한 연구 결과에 의하면 아로니아는 블루베리의 5~25배, 라즈베리의 55배, 포도의 80배, 아사이베리의 20~30배, 크렌베리의 10배에 가까운 안토시아닌을 함유하고 있습니다.

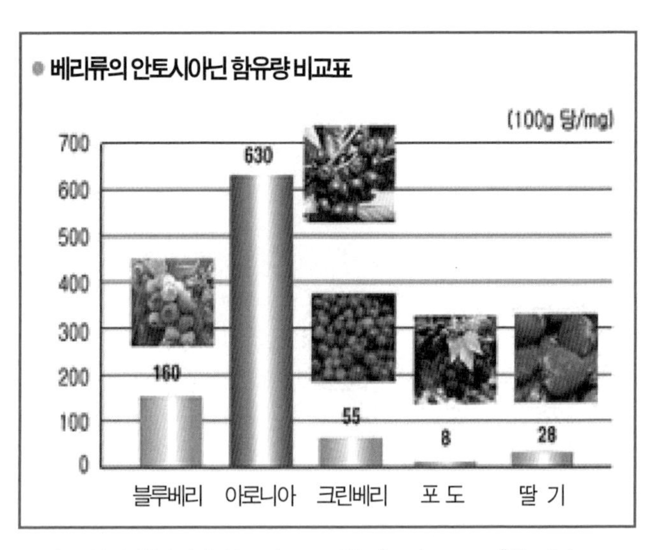

참고문헌 A.W.Strigl, E, Leitner., W. fannhauser, "Die Schwarze Apfelbeere(Aronia melanocarpa)als naturle-che farbstffquelle", Deutsche Lebensmittle-Rundschau91(1995)177-180

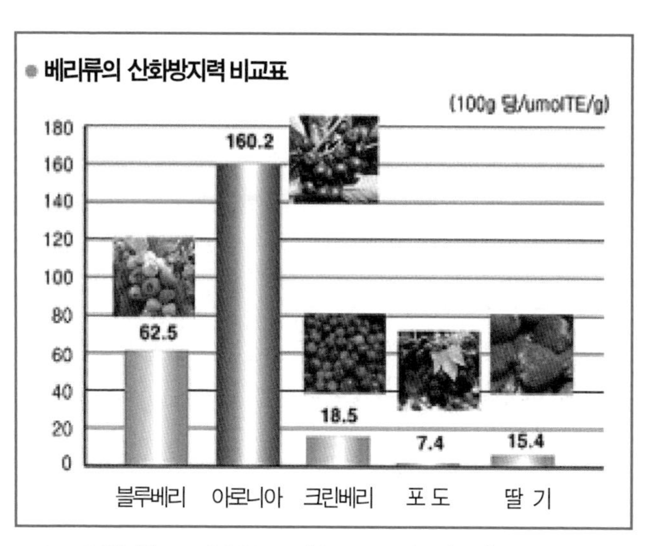

참고문헌 W. Zheng, S.Y.Wang, "Oxygen radio absorbing capacity of phenolics in blueberries, cranberries", J. Agric. Food Chem. 51(2003) 501-509

5) 동유럽의 만병통치약 아로니아

폴란드에서 재배되고 있는 아로니아는 폴란드 정부학회와 폴란드 바르샤바의학대학과 무려 15년 이상 공동으로 연구를 진행한 결과, 심혈관 질환, 암, 치매, 시력약화, 당뇨병, 항노화, 중금속 해독 등에 뛰어난 임상효과를 보였으며, 지구상의 모든 과일들 중에 가장 강력한 항산화 기능을 보인 것으로 알려져 있습니다.

실로 동유럽에서는 아로니아를 암과 심혈관 질환, 당뇨, 소화기와 호흡기 질환의 치료에 오랫동안 이용해왔습니다. 나아가 현재도 폴란드에서는 아로니아를 이용한 다양한 의약품을 개발하는 동시에 아로니아 육생을 국가 차원의 대규모 투자 사업으로 지정하였으며, 일본 후생성의 임상실험 결과 폴란드산 아로니아는 농약과 화학비료로 인한 오염이 전혀 없으며 토양과 대기오염에서도 안전한 것으로 드러났습니다.

이와 관련해 2006년 이태리 로마의 국제 동맥경화치료학회에 참가한 바르샤바 의대의 마렉 교수는 "프랑스인들이 심장병 예방을 위해 레드와인을 마시고, 미국인들은 크렌베리를 즐긴다면, 폴란드인들은 아로니아에게 감사해야 할 것"이라고 발표한 바 있습니다.

실로 동양에 인삼이 있었다면, 아로니아는 중세 동유럽에서 이른바 만병통치약으로 알려졌던 과실로서, 한때 우크라이나의 체르노빌 사태 때 피폭자들을 치료하는 치료약으로 사용될 만큼 그 의학적 성분이 입증된 과실입니다.

아로니아 C3G의 비밀

아로니아 C3G(Cyanidine-3-O-glycoside)란 아로니아 열매에서 추출한 색소배당체인 아로니아 안토시아닌을 뜻하며, 시아닌(Cyanin)이라고도 불립니다. 또한 자연 식물로서는 유일하게 이 시아니딘을 포함한 채과류가 바로 아로니아입니다.

이 아로니아 C3G는 다양한 약효가 있지만 무엇보다도 눈에 띄는 것은 탁월한 항산화 기능입니다. 앞서도 살펴보았듯이 암을 비롯한 동맥경화나 고혈압, 당뇨병, 간경화, 관절염 등의 만성퇴행성질환은 스트레스와 활성산소 등의 독소가 가장 큰 원입니다. 이 원인들이 인체 조직세포의 생체막과 미토콘드리아와 핵의 유전자를 산화, 변이시켜 암세포와 염증을 유발하는 것입니다. 또한 이 독소들은 나아가 우리 혈관과 분비샘, 선조직 등을 수축시켜 고혈압, 당뇨병을 유발하고 조직세포 복구를 담당하는 줄기세포를 손상시켜 질병을 만성화시키게 됩니다.

이때 아로니아 C3G는 이 유해산소를 제거해 세포를 보호하고 면역 및 줄기세포를 활성화시키는 강력한 천연 항산화 물질입니다.

- 독소제거 - 혈독과 장독, 림프독을 중화
- 혈류개선 - 혈관을 유연하게 만들어 혈관을 확장
- 면역증진 - 백혈구 생성 촉진
- 세포복구 - 줄기세포 노화 방지

폴리페놀과 카로티노이드의 보고

나아가 아로니아는 녹차에 많이 함유된 카테킨과 탄닌 성분 등의 폴리페놀 성분 또한 풍부합니다. 특히 떫은 맛을 내는 탄닌 함유량이 높아 덜익은 열매를 새가 먹을 경우 그 떫은 맛에 그대로 졸도한다고 해서 초크(Choke : 기절시키다)베리라는 또 다른 이름이 붙기도 했지요.

최근의 연구 결과에 의하면 아로니아는 아사이베리에 비해 400배 이상의 카테킨과 폴리페놀을 함유하고 있다고 합니다. 특히 이 폴리페놀은 산화독소나 유해산소로 손상된 DNA를 복구하는 신호전달분자, 또는 죽은 세포를 처리하는 청소부 역할을 합니다.

나아가 항산화 작용과 면역 개선 작용이 뛰어난 루테인과 크산틴도 주목할 만한 아로니아 성분체이며, 당근에 많이 함유된 베타카로틴과 토마토의 붉은 색소 성분이 라이코펜 함유량도 월등해서 항암과 시력개선 작용에 뛰어난 효능을 보입니다.

이외에도 아로니아에는 천연 비타민 A, B, C, D, E, F, P와 칼슘, 마그네슘, 아연 등의 천연 미네랄, 오메가 3 등의 필수불포화지방산도 풍부하게 함유되어 있습니다.

베리류의 각종 지표성분 비교

종 류	폴리페놀 함유량 (100g 당/mg)	안토시아닌 함유량 (100g 당/mg)	산화방지력 (100g 당umolTE/g)
아로니아	2500	630	160
블랙커런트	550	150	45
블루베리	520	160	62
크렌베리	230	55	19
라즈베리	510	130	13
딸기	230	28	15.5
포도	100	8	7.5
오렌지	140	_	7.5
사과	200	_	2.2

(A.W.String 1995)

3장 아로니아, 내 몸을 살린다

1) 노화 방지

인체의 노화는 피할 수 없는 현상이지만, 동시에 이 노화를 줄이면 생체나이가 30년 가까이 젊어질 수 있습니다. 노화는 자연스럽게 진행되는 자연 노화 외에 스트레스, 흡연, 음주, 불규칙한 식생활 등의 외부 원인이 발생시키는 활성산소와 유해독소 등이 원인이 되기도 합니다.

▶▶ 아로니아에 다량 함유된 아로니아 안토시아닌인 시아닌과 폴리페놀, 카테킨 등의 성분이 프리래디칼을 신속하게 제거하고 발암물질과 산화물질을 중화시키거나 배출시켜 생체나이를 낮추고 수명을 연장시키는 데 도움을 줍니다.

2) 동맥경화

소리 없는 살인자라고 불리는 동맥경화는 50대 이상이라면 누구나 불안하게 여기는 질병으러서, 서구화된 현대사회를 살아가는 유럽과 미국의 사망원인 1위가 바로 이 동맥경화로 인한 뇌심혈관 질환입니다. 사망자의 근 절반 가까이가 심혈관 질환으로 사망하는 것입니다. 이는 점차 서구화된 생활에 노출되어 있는 한국도 마찬가지입니다.

동맥경화는 기본적으로 활성산소나 유해독소들이 혈관을 공격해 내피세포가 손상되면서 시작됩니다. 나아가 이 상처 부위에 대식세포가 자라고 이 부위에 유독 콜레스테롤이 흡착되고 여기에 섬유화, 즉 프라그 현상이 진행되어 혈관 벽을 딱딱하게 좁게 만들어버리는 것입니다.

▶▶ 아로니아를 꾸준히 섭취하면 혈관 벽을 손상시키는 다양한 유독물질을 충분히 제거해주고 관상동맥혈관의 염증이 감소하며, 시아닌과 폴리페놀 등이 혈액을 오염시키고 손상시키는 활성산소의 활동을 막아줍니다. 또한 폴리페놀이 손상된 DNA를 복구시키는 작업에 착수함으로써 동맥경화를 예방하고 개선시키게 됩니다.

3) 암

암은 자연노화로 인한 세포의 면역기능 저하와 파괴로 인한 것인 동시에 온갖 외부적 스트레스와 잘못된 생활습관으로 인한 혈액과 세포의 오염 및 산화와도 깊은 관련이 있습니다. 일단 암은 발생하면 급속도로 암세포가 퍼져나가고 전이되는 습성이 있어 치료가 까다로운 질병에 속하며, 실제로 심혈관 질환과 더불어 사망 원인 1,2위를 다투는 무서운 질병입니다. 암은 특히 식습관과 생활습관에서 주의를 요하는 만큼 평소에 항산화, 항암 작용을 하는 다양한 과채류를 적절히 섭취하고 바른 식생활 습관을 만들어 가는 것이 중요합니다.

▶▶ 아로니아는 암의 원인인 활성산소를 제거해 세포 변이를 방지함으로서 정상세포가 암세포로 변이되는 것을 막아주는 동시에 암세포의 신호전달분자로 작용해 스스로 자멸하도록 만듭니다. 나아가 면역세포의 활동을 원활히 만들어 그 생성과 활력을 촉진시키며, 백혈구와 산화를 방지하고 분열을 촉진해 장기간의 암 치료 기간 동안 세포 면역력이 저하되는 것을 막고 부작용이 없습니다.

4) 당뇨병

당뇨는 흔히 몸을 움직이지 않고 고칼로리 음식을 자주 섭취하는 이들에게서 흔히 나타나며, 유럽과 한국의 사망 원인 3위를 차지합니다. 우리 몸의 췌장은 인슐린은 물론 다양한 소화효소와 호르몬을 생산하고, 이렇게 생산된 인슐린 및 다른 호르몬들이 포도당을 분해해 근육의 움직임에 사용되는 세포 에너지원을 만들어냅니다. 그런데 유전적 요인 및 잘못된 식습관으로 인해 당뇨에 걸리면 인슐린 분비에 문제가 생겨 포도당 생성에 문제가 생겨 대량 세포 파괴가 일어나게 됩니다. 실로 당뇨병은 그 자체도 문제지만 장기화될 경우, 백내장, 동맥경화, 신염, 심할 경우 손발이 썩어들어가는 궤양이 합병증으로 발생할 가능성이 높습니다.

▶▶ 아로니아의 시아닌과 폴리페놀은 활성산소를 신속히 제거해 췌장베타세포의 파괴를 막고 췌장세포의 신호전달물질로 작용해 손상된 세포의 복원을 도와줍니다. 또한 당뇨 합병증 유발 물질인 AGE를 감소시켜 합병증을 예방하며 인슐린 분비를 촉진시켜 혈당을 조절합니다.

5) 간 질환

제 2의 심장이라고 불리는 간은 인체의 소화, 해독, 분해에 관여하는 중요한 장기로서 대사 활동과 면역 활동을 담당합니다. 간은 건강할 때는 원활히 움직이면서 몸의 모든 기능이 정상으로 움직일 수 있도록 왕성하게 활동하지만 스트레스와 과식, 특히 잦은 음주로 인해 간 세포가 대량 파괴될 경우 간경화와 간염, 간암 등의 심각한 질병을 얻게 됩니다. 최근의 연구 결과에 의하면 잦은 음주, 스트레스, 과로, 과식 등이 간을 파괴하는 이유 또한 이것들이 불러오는 과도한 활성산소의 작용임이 밝혀진 만큼 평소에 간을 보호하는 항산화 제품을 꾸준히 섭취하고 잘못된 생활습관을 바로잡아야만 간의 건강을 유지할 수 있습니다.

▶▶ 아로니아는 과육에 포함된 시아닌과 폴리페놀이 간 세포를 파괴하는 활성산소의 증가를 억제하고 제거하여 간 건강에 큰 도움이 되며, 음주 시 간 파괴의 원인이 되는 아세트알데히드를 신속하게 분해합니다. 또한 파괴된 간 세포를 복원하고 새로운 세포를 형성시켜 간 질환을 예방하고 개선합니다.

6) 치매

치매를 일으키는 알츠하이머병은 이른바 노인성 치매라고도 불립니다. 치매의 원인은 뇌신경 세포 주변에 독성을 가진 베마아밀로이드 단백질이 협착되어 발생하는 것으로서 기억력과 지적능력을 관장하는 대뇌피질 부위의 신경세포들이 파괴되게 됩니다. 그 외에 치매는 노화로 인해 활성산소로부터 뇌신경세포를 보호하는 체내 항산화물질의 분비가 줄고 다양한 외부 독소의 유입으로 대뇌피질과 해마세포 내 단백질이 손상되거나 노화되면서 발생합니다.

▶▶ 아로니아는 신속한 활성산소 제거로 대뇌피질과 해마 세포 등의 뇌신경세포의 손상을 막아주고 뇌세포의 신호전달물질로 작용해 손상된 세포의 복구를 돕습니다. 또한 뇌신경세포의 산화를 막아 뇌신경세포의 생성을 촉진시킵니다.

7) 비만

비만의 원인은 과식인 경우가 많지만, 깊이 살펴보면 과식 또한 스트레스와 긴밀히 연관되어 있습니다. 과도한 스트레스를 받을 경우 우리 몸은 허기를 느끼게 되고, 먹는 것으로 휴식을 대신함으로써 자연스레 과식을 하게 되는 것입니다. 그리고 이렇게 과식을 하게 되면 무리한 소화를 위해 체내에 다량의 활성산소가 발생하고 이 활성산소가 세포를 악성 지방세포로 변이시켜 장기화되면 고혈압, 당뇨 등의 다양한 질병을 발생시키게 됩니다.

중요한 것은 한번 만들어진 지방세포는 일반 세포보다 확장력이 빨라 급속도로 전이되는 만큼 신생 지방세포의 형성을 막아주어야 합니다.

▶▶ 아로니아의 주요 성분들이 활성산소를 제거하여 세포 단백질의 변이를 막아 악성지방세포의 생성을 막아주고, 세포의 신호전달물질로 작용해 지방세포의 자멸을 유도합니다. 손상된 세포의 복원과 원활한 지방대사를 도와 비만을 치료하고 예방하게 됩니다.

8) 피부미용

아름다운 피부는 건강과 젊음의 상징이지만, 자외선과

흡연, 음주, 공해 등 다양한 외부 악조건들이 피부를 건조하게 하고 산화를 유도해 주름과 기미, 여드름, 주근깨 등을 발생시킵니다. 특히 이중에 자외선은 공기 중의 산소와 반응해 강력한 활성산소를 발생시키게 됩니다. 실제로 자외선을 많이 받는 야외활동이 잦은 이들은 피부노화가 일반인보다 훨씬 빨라지게 됩니다.

▶▶ 아로니아는 자외선이 강한 악천후에서 가장 잘 자라는 식물로서 생존을 위해 우수한 자외선 방지 물질을 생성해냅니다. 바로 이런 점 때문에 아로니아는 다양한 화장품의 원료로 이용되고 있으며, 나아가 섭취 시에도 손상된 피부 모세혈관을 복구하고 주름, 기미, 주근깨 등 다양한 피부질환을 개선해줍니다. 또한 중금속 배출 기능 또한 있어서 피부에 해가 되는 중금속을 신속히 제거합니다.

9) 시력저하

컴퓨터와 스마트폰, TV 같은 디지털 기기에 익숙한 현대인들은 일상적으로 눈을 혹사시킴으로써 필연적으로 이른 나이부터 시력 저하를 겪게 됩니다. 실로 우리나라 성인들

중에 둘에 하나는 안경을 착용할 정도로 현대인의 시력 저하 현상은 심각한 사회문제로 대두되고 있지요.

이 때문에 최근에는 눈 마사지, 눈 휴식 방법 등등 눈 건강에 좋은 다양한 방도들이 등장하고 있는데 그중에 중요한 것 하나가 눈 건강에 도움이 되는 음식을 섭취하는 것입니다.

▶▶ 세계 2차대전 당시 영국은 공군기 조종사들에게 항상 베리류를 소지하도록 했습니다. 이는 베리류의 안토시아닌과 폴리페놀이 시력을 향상시켜 야간비행에 도움이 되었기 때문입니다. 아로니아는 눈에 좋다고 알려진 블루베리에 비해 안토시아닌 함유량이 적게는 5배, 많게는 20배까지 높은 최상의 시력 보호 식품입니다.

4장 아로니아로 건강을 되찾은 사람들

20년간 고생했던 혈압을 아로니아로 다스리다

황인환 경기도 김포시 양촌면

1990년, 저에게도 지병이 생겼습니다. 다름 아닌 혈압이었습니다. 그간 평범하다기보다는 마음 고생이 많았기에 어쩔 수 없이 찾아온 지병이구나 생각했습니다. 저는 젊은 시절 군복무 중에 월남전에 참전했습니다. 길고 고통스러운 경험 끝에 고국으로 돌아왔을 때 저에게 남은 것은 고엽제 질환이었습니다. 그나마 다행히 질환이 발생했을 때도 고엽제 환자에게 돌아오는 보상으로서 고혈압 약을 무상으로 지원 받고 있었습니다.

하지만 매일매일 약봉지에 둘러싸여 사는 삶은 무기력하기만 했습니다. 하지만 궁해도 죽으라는 법은 없다더니

2010년 7월경, 새로운 계기가 찾아왔습니다. 지인을 통해 아로니아 베리를 알게 된 것입니다.

그분은 자신도 혈압약을 오래 복용했지만 아로니아 베리 농축액 대용량 한 병을 먹고 나자 현저히 증상이 좋아져 혈압약을 끊었다고 말했고, 저도 반신반의하던 심정으로 1병을 구입해서 먹게 되었습니다.

그런데 놀랍게도 그로부터 한 달 뒤, 혈압이 현저하게 내려가면서 저 또한 약을 그만 먹기로 다짐했습니다. 약을 끊기로 다짐한 날, 서랍을 열어 약봉지를 챙긴 저는 그 길로 알고 지내던 시장에서 장사하시는 분에게 드렸습니다.

신기한 일이라고 생각했고, 기분 탓인가도 생각했지만, 왠지 새로운 생활을 할 수 있을 것 같은 기분에 혈압도 더 자주 측정하고, 운동도 더 열심히 하면서, 계속해서 아로니아 베리를 섭취했습니다.

지난 20년간 저는 알게 모르게 혈압 때문에 많은 고민을 했습니다. 약을 계속 먹는 것도 고통이지만, 안 먹으면 혈압이 걱정되어 잠도 제대로 잘 수 없었습니다. 그리고 이제는 모든 문제가 해결되어 요즘은 하루하루가 너무 마음 편합니다. 또한 지난 35년 동안 고생했던 알레르기 비염도 덤으로 사라졌습니다. 뭣 모르던 때, 단지 보기 싫다는 이유로 콧속의 코털을 뽑기 시작했는데 그로부터 원인이 되었다고 했습니다. 게다가 이것이 알레르기 비염 증세라는 것을 몰랐을 때는 수시로 감기 약을 복용하기도 했습니다.

아로니아를 만나지 못했다면, 아마 저는 수북한 약봉지에서 벗어나지 못했을 것입니다. 요즘 저는 저 하나만 건강해지는 것으로 만족하지 않고 많은 분들에게 아로니아 베리를 알리고 있습니다.

아로니아 베리와 자연치유를 통해 찾아갈 수 있는 행복하고 건강한 삶은 우리 모두에게 공평하게 주어진 선물입니다. 저는 이제 어떤 약도 복용하지 않고 있습니다. 오직 아로니아 베리만이 제 탁자와 서랍을 채우는 소중한 친구입니다.

대장암과 갑상선의 고통에서 벗어나다

정필분 경기도 성남시 수정구 산성동

저는 평범한 주부로서 가족들 건사에 바빠 제 몸 하나 돌보는 것에는 크게 신경 쓰지 못했습니다. 그러던 10년 전쯤 제 인생 최고의 고비가 찾아왔습니다. 바로 대장암 판정이었습니다. 암에 걸리면 집안 살림 거덜내고 고통만 받다가 죽는다는 이야기를 들었던 차라 덜컥 겁이 났습니다. 천신만고 끝에 수술을 받고 나서도 암이 재발하지는 않을까, 과연 다시 건강해질 수 있을까 하는 심적 고통이 이루 말할 수 없더군요.

그 이후로도 저는 정기적으로 병원을 방문했고, 그때마다 새로운 종양이 발생하면 그것을 제거하는 수술을 받아야 했습니다. 그때마다 무시할 수 없는 병원비는 물론 마음의 고통도 깊어지기만 했습니다.

그러던 와중 올해, 베리류 대리점을 운영하고 계신 임형순 점장님의 소개로 아로니아 베리라는 것을 알게 되었습니다. 가릴 것 없이 지푸라기라도 잡아야 했던 처지라 2011년 8월 초부터 아로니아를 먹기 시작했고, 이왕 먹는 것 열심히 먹자 싶어 빼놓지 않고 섭취했습니다. 그리고 2011년 11월 4일, 평소처럼 병원을 찾아 장 검사를 했습니다. 설마 크게 달라졌으려니 하는 마음에 초조하게 결과를 기다렸습니다. 그런데 11월 10일, 예상치 못한 검사 결과가 나왔습니다. 현재 장이 너무 깨끗하니 한동안 걱정하지 않아도 되겠다는 판정이었습니다. 병원에서 걸어나오면서 저도 모르게 코끝이 시큰해졌습니다. 암으로부터 자유를 찾을 날이 코앞에 다가왔다는 느낌이었습니다.

또한 2010년에 받은 갑상선도 마찬가지입니다. 그 동안 꾸준히 병원 치료를 받고 있었는데 갑상선도 좋아졌다는 판정이 나왔고, 마지막으로 찾아간 얼마 전에는 아예 약도 주지 않았습니다.

기적의 열매, 생명의 열매를 소개해 주신 점장님께 감사드리며 아로니아를 전파하시는 분들께도 무한한 행복과 발전이 있으시기를 바랍니다.

심장병과 고지혈증을 개선해준 아로니아 베리

신봉재 인천광역시 서구 금곡동

저는 현재 산업단지에서 작게 제조업을 경영하고 있는 사람입니다. 제가 이렇게 펜을 든 것은 최근 신기한 체험을 한 뒤, 저처럼 질병으로 고통 받는 분들에게 조금이나마 도움이 되기를 바라서입니다.

2010년 5월, 봄볕이 찬란했던 무렵 갑자기 가슴에 심각한 통증이 찾아왔습니다. 그야말로 숨을 쉴 수 없을 정도로 고통스러워 그 자리에 주저앉고 말았습니다. 순간 저도 모르게 '아, 결국 몸에 문제가 생겼구나' 하는 생각이 들었습니다. 그러나 얼마 후 찾아간 병원에서는 큰 이상이 없다고 해서 치료도 받지 않고 되돌아 나오고 말았습니다.

하지만 가슴 통증은 거기서 멈추지 않고 몇 번이나 다시 저를 찾아왔습니다. 분명히 몸에 이상이 생겼는데 병원에서 발견하지 못한 것이라는 생각이 들었습니다.

그렇게 다시 병원 검진을 준비하면서 여러모로 마음이

불안하고 답답한 마음이었습니다. 설마 큰 병은 아니겠지 생각하면서도, 막상 큰 병이라는 진단이 나오면 어떡하나, 약봉지를 달고 남은 삶을 보내야 하는 것은 아닐까 하는 불안감이었습니다.

그렇게 지내기를 몇 달 전 여러 번 반복하던 중, 지인의 소개로 심우성이라는 분을 만나게 되었습니다. 그분이 말씀하시기를 저와 같은 증상을 놔두면 결국 큰 병이 되니 비록 검진에서 큰 이상이 없다고 해도 쇄신하는 마음으로 잘못된 생활습관을 바로잡아야 한다는 것이었습니다. 이후 다양한 설명들과 함께 저에게 혈액 검사를 권유하셨습니다. 검사를 해보니 역시 혈액이 혼탁하고 몸의 산화가 심각하게 진행된 상황이었습니다. 이어서 그분께서 권해주는 아로니아 농축액 한 병을 집으로 가지고 돌아와 머리맡에 놓아두었습니다. 하지만 바쁜 일에 쫓기면서 또 다시 가슴 통증에 대해 잊어버리고 있던 차, 어느 날 아내가 놀란 얼굴로 저에게 말했습니다.

"여보, 그 아로니아라는 거 어디서 구했어요?"

이야기를 들어보니 놀라웠습니다. 제가 바쁜 생활에 쫓겨 찬장 속에 놓아둔 것을 어느 날 아내가 보고 하루에 일

정량을 섭취했다는 것입니다. 그런데 여러모로 좋지 않던 몸 상태가 훨씬 활기차고 좋아졌다는 것입니다. 그 말에 잊었던 아로니아가 생각나 저도 함께 섭취를 하게 되었습니다. 아로니아 섭취 전 저는 혈액검사 결과가 심장병, 고지혈, 갑상선저하증, 백혈구 수치 저하 등이 의심되었다는 결과가 나왔습니다. 하지만 아로니아를 만난 지 1년이 다 되어가는 지금 저는 두려운 가슴 통증으로부터 벗어났을 뿐만 아니라 덕분에 집사람 건강까지 좋아져 함박웃음을 달고 다닙니다. 또한 이렇게 몸이 좋아지니 감사한 마음이 들어 요즘은 가까운 뒷산에서 아내와 운동도 하고 산책을 다니고, 음식도 절제하면서 먹게 되었습니다.

제 삶의 방식을 건강하게 바꿔준 아로니아, 정말로 기적의 열매라는 말이 마음에 와닿는 순간입니다.

잃었던 시력을 아로니아로 되찾다

권오직 경기도 오산시 은계동

저는 오산시에 거주하는 54세 남성으로, 20여 년 전에 당뇨병 확진을 받고 병원 치료를 받아왔습니다. 당시 제 몸무게는 76kg 정도였는데 시간이 흐르면서 체중이 10kg 이상이 줄어 65kg을 오갔고 몸의 근육이 거의 손상되고 낯빛도 좋지 않았습니다.

게다가 6년 전에는 여러 가지 사정으로 약 10개월간 혼자 지내게 되면서 업무과중과 심한 스트레스로 인해 체중이 무려 47kg까지 줄었습니다. 아침에 눈을 뜨면 몸을 일으키기도 힘들었고, 만성적 고혈압과 당뇨병 합병증으로 손발이 저리고 시력 저하로 인해 병원 신세를 자주 졌습니다. 그렇게 병원을 더 자주 찾으니 약도 더 많이 복용하게 되고, 그러다 보니 구토, 변비, 어지럼증 등으로 고통 받았지요. 그중에서도 특히 시력 저하는 레이저 치료도 여러 번 받고 검사도 많이 했지만 결국 2010년 3월 4일 수술까지 받게 되었습니다. 왼쪽 눈의 녹내장, 백내장, 오른쪽 눈의 당뇨성 망막 박리증 때문이었지요. 하지만 의사 분 말로는 수술을 한다고 시력이 좋아지는 게 아니라 완전 질병으로의 발전을 최대한 늦추는 것뿐이라고 했습니다. 그렇게 수술 후 한 달 정도 병원 치료를 받고 퇴원해서 집에 왔을 때, 이미 왼쪽 눈은 보이지 않았고 오른쪽 눈만 겨우 눈앞의 형체를 볼 정도였습니다.

내 일 아닌 것으로만 알았던 장애인이 되었다는 사실에 저는 감당할 수 없는 절망 속에 빠졌습니다. 삶의 의욕을 잃고 경영하던 사업장도 정리하고 집에서 칩거하며 하루하루를 지내는 게 제가 할 수 있는 전부였습니다.

아내, 형님, 누님들이 눈에 좋다는 것들을 여럿 챙겨주어 먹었지만 별 효과가 없었습니다. 그러던 어느 날 아내가 눈에 좋다며 아침저녁으로 한 잔씩 주기 시작한 것이 바로 아로니아였습니다.

반신반의하면서 한 달쯤 먹은 것 같았는데, 어느 날 눈이 시리고 눈물이 나오더니 거기에서 멈추는 게 아니라 짙은 가래, 코피가 나오고, 머리, 어깨에 뾰루지가 심하게 난 게 아니겠습니까? 조금만 참아보라고 해서 이런 증상이 생기고 없어지기를 여러 차례 반복했고, 3개월 정도 쯤 지났을 것입니다.

어느 날, 아침 잠에서 깨어나 습관적으로 창문 쪽으로 고개를 돌려보니 하얀 창틀이 보이기 시작했습니다. 너무 놀라 벌떡 일어나 창가로 가서 밖을 내다보니 건너편 아파트와 벽에 쓰여진 동 표시가 눈에 들어왔습니다. 그때의 기쁨은 정말이지 말로 표현할 수가 없을 정도였습니다. 그야말로 가슴 벅찬 감격이 있다면 이런 게 아니었을까요. 그 뒤로 저는 더 신실하게 아로니아를 챙겨 먹었고, 시력이 조금씩 계속 좋아지는 것을 느낄 수 있었습니다.

지금은 오른쪽 눈의 시력이 0.3정도이며, 수술을 한 안과 병원 의사 분도 안토시아닌이 많이 함유된 건강 보조식품을 계속 섭취하고 혈당 조절을 잘 하라고만 합니다. 그리고 이제는 저도 당뇨, 고혈압 약 대신 아로니아만 열심히 먹고 있습니다.

최근에는 엘리베이터를 혼자 타야 하는 경우가 많아졌습니다. 그전에는 늘 누군가의 도움을 받아서 탔는데, 한번은 엘리베이터를 타고 눈을 크게 뜨니 숫자판이 보였습니다. 멀쩡하신 분들은 누구나 쉽게 할 수 있는 것이라 생각하겠지만, 저에게는 그것이 너무 큰 기쁨이었습니다.

제게 아로니아를 전해주신 모든 분들께 진심으로 감사드리며, 앞으로 저는 아로니아 전도사로서 "내가 보고 듣고 체험한 것을 만인에게 반드시 알리겠다"는 사명으로 생활할 것입니다. 감사합니다.

고통스러운 버거씨 병의 터널을 빠져나오다

허창민 서울시 강동구 암사1동

저는 올해 61세로 오랫동안 버거씨 병을 앓아왔습니다. 현대미포조선소에서 일했던 36세 되던 해 겨울 무렵, 손가락이 너무 시리고 아파서 현대 병원에 갔다가 버거씨 병 진단을 받고 오른손 중지 한마디를 절단한 것입니다.

그 이후 저는 제대로 된 직업을 구하기가 어려웠고, 찬바람이 불기 시작하면 어김없이 찾아오는 극심한 고통이라는 불청객 때문에 마음의 병까지 심하게 앓곤 했습니다. 그러다 그 후 설상가상으로 지독한 일이 닥쳤습니다. 예기치 못한 교통사고로 2년을 병원에 입원하게 된 것입니다. 큰 사고였기에 목숨을 잃지 않고 장애판정 4급을 받은 것만으로도 감사하였지요.

그리고 이후 88년이 되어 저는 서울로 이사를 한 뒤 장애인 협회에 등록을 했습니다. 그러나 서울로 이사한 뒤에도 고통은 여전했습니다. 매해 찾아오는 겨울 불청객은 10월

말부터 3월초까지 어김없이 저를 고통 속으로 몰아갔습니다. 하루는 손가락이 너무 아프고 시려서 밤새 몸을 비틀고 울다가 새벽 일찍 정형외과 문 앞에서 발을 동동 구르며 문이 열릴 때를 기다린 적도 있습니다. 결국 그날 저는 다른 쪽 중지 한마디까지도 절단하게 되었습니다.

그리고 그 다음 해에도 역시 통증이라는 손님이 저를 찾아오더군요. 그때도 참다 참다 못해 다른 정형외과를 찾았습니다. 이번에 찾은 곳은 큰 종합병원이었는데 너무 아파서 견딜 수 없으니 손가락을 잘라달라는 제 이야기를 들은 과장님이 호통을 치셨습니다.

"아플 때마다 그렇게 잘라내면 무얼 갖고 살 겁니까? 그렇게 참기 힘들면 차라리 독한 술을 마시세요! 부모님 주신 몸뚱이를 당신 마음대로 할 겁니까?"

그날 밤 저는 집으로 돌아가 소주 한 병을 마셨지만, 시간이 지나면 술기운이 떨어져 다시 고통이 찾아들었습니다. 그렇게 하루에 소주 12병을 비웠습니다. 버거씨 병은 아무것도 아니고 술 때문에 죽는다는 말이 절로 실감이 났습니다. 그렇게 고통을 참고 버티며 살아온 지 벌써 25년이란 세월이 흘렀습니다. 우연찮게 한 버스 안에서 아는 누님을 만나고 그 후 누님의 부군이신 임형순 점장님을 만나는 행운을, 또 아로니아라는 천사의 선물을 받았습니다.

2011년 8월이었습니다. 당시 저는 잇몸에 염증이 심해서 고생하던 중이었습니다. 그런데 샘플로 주신 아로니아를 입에 머금고 그날 저녁에는 아로니아로 양치를 했는데, 신기하게도 입 안이 깨끗해졌습니다. 물론 이런 경험을 직접 체험하지 않은 분들은 '에이, 그런 게 어딨어' 하시겠지만 저는 분명히 전과 후가 달라서 눈이 휘둥그레졌습니다.

다음날, 바로 회원등록을 하고 아로니아를 구입해 먹은 지 15일 정도 지나면서 더 놀라운 일이 벌어졌습니다. 피가 안 통해서 늘 푸르죽죽하던 손과 발에 혈색이 발갛게 돌면서 피가 통하는 것처럼 가렵고 시큰대더니 곧 가라앉는 게 아니겠습니까. 그리고 지금 저는 아로니아를 4병째 섭취하고 있습니다. 그리고 한 가지 사실을 분명하게 느낍니다. 올 겨울에는 불청객이 찾아오지 않는 따뜻한 겨울이 될 것이라고요. 믿고 참고 기다리면 좋은날, 좋은 세상이 올 거라고 하더니 이런 것을 말하는가 싶습니다. 저에게 아로니아라는 새로운 건강 지도를 제시해주신 모든 분들께 감사하는 마음으로 글을 마칩니다.

종양의 크기가 10cm에서 2cm로 줄어들다

박정길(박영) 전북 익산시 함라면

제가 아로니아를 만난 것은 아버지의 암 판정 때문이었습니다. 제 아버지께서는 2010년 4월 14일에 원광대학병원에서 위암 2기 판정을 받으셨습니다. 특별히 통증이 있어서가 아니라 일반 건강 검진을 받으러 갔다가 위내시경을 통해 종양이 보인 것입니다.

아버지께서는 연세가 70을 넘으신 데다가 일전에도 척추염으로 8개월간 병원 신세를 지신 적이 있어서 여러모로 걱정이 될 수밖에 없었습니다. 선뜻 수술을 하거나 항암치료를 했을 때 체력이 견뎌낼 지 의심스러울 수밖에 없었던 것입니다.

그렇게 걱정에 걱정을 쌓던 차에 평소 형님 동생으로 지내던 심우성 대표님의 권유로 병원 치료보다는 자연치유와 아로니아 요법을 우선적으로 실시해보기로 했습니다. 하지만 자연치유와 아로니아에 대한 믿음을 과연 아버지와 가족들이 이해할지는 미지수였습니다. 그래서 아버지와 가족들에게는 서울의 아산 병원으로 옮겨 치료한다고 밝힌 뒤, 일단은 곧바로 아버지를 집으로 모셔왔습니다. 아산 병원에 검사를 하러 가기 전까지의 시간 동안이라도 식이요법과 아로니아를 이용해서 아버지의 회복을 도울 생각이었던 것입니다.

그리고 그날부터 아로니아 섭취와 식이요법에 들어갔는데, 평소에 전혀 증상이 없으시던 아버지께서 아로니아를 섭취하면서부터 3일간은 복부 팽창과 방귀가 심해지기 시작했습니다. 그리고 4일째부터는 설사와 구토가 심해져서 더럭 겁이 날 정도였습니다. 그로부터 약 3일간은 정말 거동이 어려울 정도로 심한 반응이 나타났고 혈변도 종종 보았습니다.

그러나 그 고통도 잠시, 10일 정도가 지났을 무렵 아버지의 얼굴에는 화색이 돌았습니다. 거동이 한결 편해지고 속도 너무 편하다는 것이었습니다. 그 다음날 2010년 5월 7일, 현대아산병원에서 다시 재검진을 한 결과 우리 가족들은 정말 깜짝 놀라고 말았습니다. 10cm의 암세포 덩어리가 이제 2cm정도밖에 남아 있지 않은 내시경 사진을 보게

된 것입니다. 모두가 정말 기적이 일어났구나 했습니다. 게다가 그후 혈액검사에서도 놀라울 정도로 면역이 좋아지신 걸 확인할 수 있었고, 이후 3주간 어떠한 병원 치료도 받을 필요가 없다는 진단이 나왔습니다. 그리고 지금까지도 아주 건강하게 지내시는 아버지의 모습을 보며 아로니아를 추천해주신 형님에게 진심으로 감사드립니다.

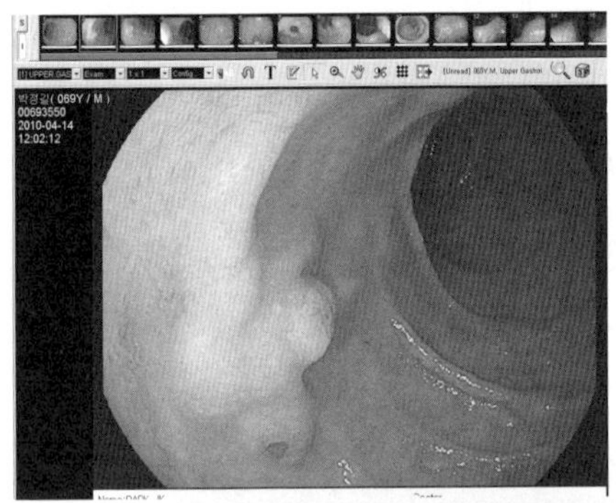

섭취 전

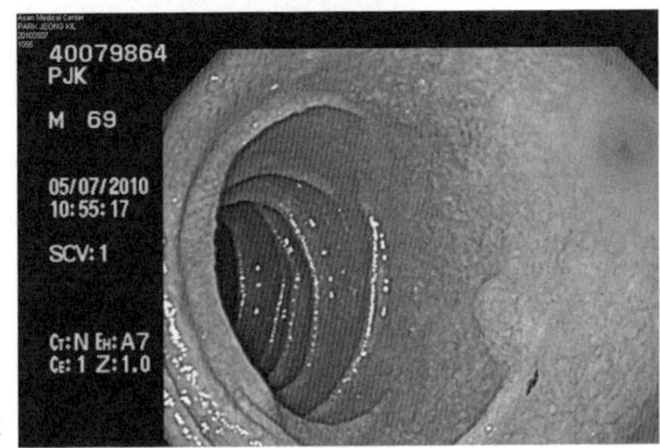

섭취 후

20kg 감량으로 자신감을 되찾다

양연진 전북 전주시 덕진구 금암동

안녕하세요. 저는 전주에서 삼겹살집을 운영하고 있는 양연진입니다. 고기 집을 운영하시는 모든 분들이 그렇겠지만 저도 항상 스트레스와 피로가 겹쳐 몸이 부어오른 상태였습니다. 저녁이 되면 온몸이 무너지는 것 같은 피로와 살도 너무 쪄서 체중이 무려 82kg이었습니다. 몸이 무거워지니 걷는 것에도 무리가 가서 무릎관절도 시원찮았습니다.

그러던 와중 얼마 전에 아는 지인으로부터 아로니아를 소개받았습니다. 아로니아의 효능에 대해 이것저것 설명을 들었지만 몸에 좋다는 것은 적지 않게 먹어온 차라 사실 처음에는 별로 와닿지 않았습니다.

하지만 설명해주시는 분의 열성이 고마워서, 그렇게 아로니아를 하루에 10mg씩 6번을 먹으면서 현미밥과 채식을 시작했습니다. 무엇보다도 아로니아는 채식과 함께 할 때 더 효과가 좋다는 말을 들었기 때문입니다.

그런데 가장 놀라운 변화는 화장실에서 일어났습니다. 평소의 대변량에 두 배가 넘는 변을 보고 속이 시원하다는 느낌이 들었지만 신기하다는 생각뿐이었습니다. 그런데 나중에 얘기를 들어보니 그렇게 대변을 보면서 몸 안의 노폐물도 함께 빠져나간다고 하더군요.

그렇게 아로니아를 두 달가량 먹고 나자 대변은 물론이거니와 피부도 너무 좋아지고, 무엇보다도 몸속의 체지방이 빠져나가는지 살이 빠지기 시작했습니다. 그리고 4개월을 먹고 난 뒤에는 몸무게가 62kg으로 무려 20kg이 빠졌습니다. 대체 저 20kg이 어디 쌓여 있던 것일까 놀라울 정도였습니다.

지금은 아로니아를 섭취한 지 약 5개월 반이 되어갑니다. 지금은 적지 않은 나이인데도 S라인이 살아있다는 이야기를 들을 때마다 절로 웃음이 납니다. 또한 날씬한 몸매를 부러워 하는 친구나 지인들에게 아로니아를 권장합니다. 건강도 좋아지고 예뻐지는 몸매에 행복합니다. 저에게 아로니아를 소개해주신 분께 감사드립니다.

간경화의 그늘에서 구원해준 아로니아

이정섭 강원도 양양군 양양읍

저는 올해 60세 된 보험설계사로, 20년 전 교통상해로 경추 디스크 판정을 받았습니다. 뿐만 아니라 30년 전에는 B형 만성간염 진단을 받은 뒤로 늘 피로를 달고 살았고 4년 전에는 간경화 판정까지 받아 삶에 의욕까지 잃게 되었습니다.

이후 저는 여러 건강보조식품을 먹으며 서울과 지방 할 것 없이 유명한 병원을 찾아다니기 시작하다가 잘 알려진 S병원 ○○○박사님께도 특별치료를 받았습니다. 하지만 그럼에도 YGTP, SGOT, SGPT는 계속 높아지기만 해서 더는 삶에 대한 희망마저도 사그라드는 기분이었습니다.

그러던 중 지인으로부터 아로니아 농축액을 권유받았습니다. 딱 두 병만 먹어보고 다음 것을 구입하던지 말던지 생각해보라는 말에 눈 딱 감고 하루에 세 번 아로니아 섭취를 시작했습니다. 이후 간 수치를 체크한 결과 약간 수치가 떨어지는 기미가 보였습니다. 하지만 저는 거기에서도 작은 희망을 보았습니다. 간 수치는 크게 다르지 않았지만 경추디스크 때문에 그렇게 불쑥 나타나 괴롭히던 두통은 사라졌기 때문입니다.

그런데 진짜 놀라운 일은 두 병을 더 복용한 뒤에 나타났습니다. 두 번째 병이 깨끗하게 빈 동시에 간 수치를 체크했는데 이게 웬일입니까? 모두 정상에 가까운 수치가 처음 나온 것입니다.

처음에는 측정 기기가 잘못됐거나 다른 사람 검진결과를 보는 게 아닐까 싶어 몇 번이나 눈을 의심했는지 모릅니다. 하지만 그것은 분명 제 검진 결과였습니다.

이후 저는 지인이나 이웃에 질병으로 고생하는 이들에게 아로니아를 누구보다도 열심히 전달하는 메신저가 되었습니다. 질병 때문에 삶의 희망을 놓아버린 분들, 더 건강한 삶을 원하시는 모든 분들에게 아로니아를 권합니다.

하루에 세 숟가락, 아로니아의 기적

한정숙 인천광역시 서구 연희동

처음에 아로니아 체험 사례를 부탁하는 말씀에 조금은 망설였습니다. 하지만 혹시 또 저 같은 분이 계시다면 큰 도움이 되리라 생각해서 이렇게 제 이야기를 적어보려 합니다. 저는 한때 유방암 환자였습니다. 그 원인은 여러 가지였지만 무엇보다도 스트레스가 컸습니다. 이래저래 삶의 무게를 견디기 힘들어하던 시점, 그렇게 유방암이 찾아왔고 저는 육체적 고통과 정신적 고통 모두를 견뎌내야 했습니다. 거기에다 그 얼마 뒤에는 고혈압에 의한 뇌출혈로 생사를 넘나들었고, 목숨은 건졌으나 그 후유증으로 반신불수로 생활하는 동시에 수술로 인한 발작이 한 주에 두세 번씩 찾아오는 불안한 생활이 계속되었습니다.

어떻게든 나아보려고 백방으로 알아봤지만, 뇌수술 담당 교수님께서는 현대 의학으로는 방법이 없다고 결론을 지었습니다.

더 나아질 게 없는 삶인가보다 포기하고 있던 차에 2010년 7월 말쯤 남편이 병에 든 아로니아 농축액을 제게 내밀었습니다.

"당신 같은 사람에게 좋다고 하니까 하루에 세 번씩 한 숟가락씩 먹어봐."

그리고 불과 한 달이 지나기도 전에, 저에게 기적이 찾아왔습니다. 가장 먼저 눈에 띈 것은 일주일에 두세 번씩 찾아오던 발작이 멈춘 것입니다. 이때쯤이면 오겠다 싶은 것이 안 오기에 놀랍기도 하고 초조하기도 했는데, 이어서 또 한 주나 더 멀쩡한 상태로 보내고 나자 그 놀라움과 기쁨은 그야말로 컸습니다.

그것을 본 남편은 즉시 병이 아닌 박스로 아로니아를 구입해와서는 좀 더 많이 먹으라고 야단일 정도였습니다. 또한 그렇게 해서 남편도 저와 함께 아로니아를 섭취하기 시작했습니다.

그 이후 저는 몰라보게 몸이 회복되었고, 얼마 전에는 병원에서 처방해준 약을 한 상자나 내다버렸습니다. 항암약, 당뇨약, 고혈압약, 발작약 등 매일 한 움큼이나 되는 약을 집어먹던 기억도 함께 처분해버렸습니다.

이제 저는 하루하루 더 나아질 것이라는 희망으로 아로니아를 항상 가까이 하고 있습니다. 몸이 나아지고 활력을 되찾자 욕심도 생겨서 제 나름의 새로운 제 2의 인생도 계획중입니다. 제게 귀한 건강을 되찾아 준 아로니아 제품의 빈 병은 쉬이 버리지 않고 소중하게 집 한 켠에 쌓아두었습니다. 저 병이 많이 쌓일수록 점점 더 건강을 찾아가리라는 금덩이보다 귀한 희망을 준 아로니아에게 무엇보다 감사한 마음입니다.

Q : 주변의 지인께서 아로니아를 선물 받았는데 일반 음식 말고 건강기능식품에도 항산화제 효과가 있는지 궁금합니다.

A : 항산화 제품은 노화방지와 질병 예방에 아주 중요한 핵심 건강 키워드로서 평소 꾸준히 섭취해주는 것이 관건입니다. 하지만 요즘 들어 야채 섭취율이 부족해지고 있을 뿐더러, 농약과 화학비료 등으로 야채의 영양 손실이 우려되는 상황입니다. 아로니아 농축액은 지구상 최고의 항산화 기능을 가진 아로니아를 농축한 항산화제 덩어리이며, 이미 여러 임상 실험에서 그 효과를 입증했습니다. 정성을 들여 꾸준히 섭취하시면 그만큼 좋은 효과를 보실 것입니다.

Q : 변비와 비만 때문에 고생하고 있는 여대생입니다.
아로니아가 해결 할 수 있을까요?

A : 흔히 변비와 비만을 가볍게 여기시는 분들이 계시는데, 변비는 노폐물의 배출을 막아 혈액을 혼탁하게 하고, 비만은 모든 질병의 원인이 되는 무서운 병과 같습니다. 항산화 성분과 비타민, 오메가 3, 폴리페놀 등이 풍부한 아로니아는 비만과 변비로 인한 몸의 산화를 방지하고 스트레스로 인한 폭식 등으로 발생하는 활성산소를 제거해 변비와 비만을 해결하는 데 큰 도움이 됩니다. 적절한 식이요법과 함께 아로니아를 섭취하면 변비와 비만의 고통에서 벗어나실 수 있습니다.

Q : 아직 식이요법을 할 만한 여력이 되지 않는데, 식사를 하면서 아로니아를 함께 섭취해도 될까요?

A : 현대인의 식습관은 현재 영양불균형 상태에 놓여 있습니다. 무엇을 먹느냐에 따라 우리 몸의 건강이 좌우될 수밖에 없는데, 사실상 바쁜 삶을 살아가는 이들에게 적절한

식단은 꿈처럼 먼 일이기도 합니다. 아로니아는 식이요법과 함께 할 때 가장 좋은 효과를 보이지만, 일상식에서 채울 수 없는 항산화 효과를 원하시는 분들에게도 적절합니다. 하루에 3번 이상 꾸준히 섭취하시면 영양불균형에서 오는 다양한 질환들을 예방할 수 있습니다.

Q : 현재 블루베리가 눈에 좋다고 해서 먹고 있는데, 아로니아는 어떤가요?

A : 블루베리가 눈에 좋은 이유는 그 안에 포함된 안토시아닌 때문입니다. 그리고 아로니아는 베리류 중에 가장 안토시아닌이 많이 함유된 과일로서 블루베리의 적게는 5배부터 20배까지 높은 안토시아닌 영양 가치를 가집니다. 실로 아로니아를 섭취 후 시력저하에 도움을 봤다는 분들이 많으신 만큼 안심하고 아로니아를 섭취하셔도 될 것 같습니다.

Q : 아로니아를 오래 섭취하려고 하는데 아로니아 가공 제품에 부작용은 없을까요?

A : 아로니아 제품은 아로니아의 귀한 성분을 거의 손실 없이 가공해 만들뿐더러 나아가 화학약제처럼 오래 섭취할 시 부작용이 나타난다거나 하지 않습니다. 아로니아 제품은 자연의 순수함을 담은 최고기능성의 제품으로 믿고 드셔도 안전합니다.

아로니아로 찾아가는 자연치유의 길

이제 21세기의 최고 건강화두는 이른바 대체치료라고도 불리는 자연의학입니다. 과거 서양의학이 담당하지 못한 질병치료 부분에서 현재 자연의학은 상당한 역할을 대신하며 좋은 결과를 나타내고 있습니다.

하루하루 바쁜 삶 속에서 과연 여러분은 얼마나 정확한 건강 지식을 가지고 계신지요? 혹시 지금껏 가져온 낡은 건강 프레임 때문에, 진짜 건강해지는 길이 무엇인지 고민해 보는 것조차 어려워하고 계시지는 않으신지요?

이 책은 자연의학의 새로운 화두로 떠오른 아로니아를 통해 질병을 치료하고 예방하며 건강한 삶을 찾아나가고자 하는 모든 분들을 위해 쓰여졌습니다. 세기와 국경을 건너

사랑 받아온 동유럽의 최고 자연이 준 선물이자 현대인에게 꼭 필요한 최고의 항산화제 아로니아를 곁에 두는 순간, 여러분의 삶도 바뀔 수 있습니다.

오래 살고 싶다는 열망을 넘어, 눈 감는 그날까지 나날이 건강한 삶을 누리고자 하는 모든 분들께 이 책을 전합니다.

시스템에서 추천하는 건강도서 리스트

No	도서명	분류	저자
1	비타민, 내 몸을 살린다	건강	정윤상 지음
2	물, 내 몸을 살린다	건강	장성철 지음
3	면역력, 내 몸을 살린다	건강	김윤선 지음
4	영양요법, 내 몸을 살린다	건강	김윤선 지음
5	온열요법, 내 몸을 살린다	건강	정윤상 지음
6	디톡스, 내 몸을 살린다	건강	김윤선 지음
7	생식, 내 몸을 살린다	건강	엄성희 지음
8	다이어트, 내 몸을 살린다	건강	임성은 지음
9	통증클리닉, 내 몸을 살린다	건강	박진우 지음
10	천연화장품, 내 몸을 살린다	화장품	임성은 지음
11	아미노산, 내 몸을 살린다	건강	김지혜 지음
12	오가피, 내 몸을 살린다	건강	김진용 지음
13	석류, 내 몸을 살린다	건강	김윤선 지음
14	효소, 내 몸을 살린다	건강	임성은 지음
15	호전반응, 내 몸을 살린다	건강	양우원 지음
16	블루베리, 내 몸을 살린다	건강	김현표 지음
17	웃음치료, 내 몸을 살린다	건강	김현표 지음
18	미네랄, 내 몸을 살린다	건강	구본홍 지음
19	항산화제, 내 몸을 살린다	건강	정윤상 지음
20	허브, 내 몸을 살린다	건강	이준숙 지음
21	프로폴리스, 내 몸을 살린다	건강	이명주 지음

No	도서명	분류	저자
22	아로니아, 내 몸을 살린다	건강	한덕룡 지음
23	자연치유, 내 몸을 살린다	건강	임성은 지음
24	이소플라본, 내 몸을 살린다	건강	윤철경 지음
25	건강기능식품, 내 몸을 살린다	건강	이문정 지음

No	도서명	분류	저자
01	내 몸을 살리는, 노니	건강	정용준 지음
02	내 몸을 살리는, 해독주스	건강	이준숙 지음
03	내 몸을 살리는, 오메가 3	건강	이은경 지음
04	내 몸을 살리는, 글리코 영양소	건강	이주영 지음
05	내 몸을 살리는, MSM	건강	정용준 지음

내 몸을 살리는 시리즈(도서는 계속 출간됩니다)

동유럽 국가에서 의학적 성분이 입증된 아로니아

폴란드에서 재배되고 있는 아로니아는 폴란드 정부학회와 폴란드 바르샤바의학대학과 15년 이상 공동으로 연구한 결과, 심혈관 질환, 암, 치매, 시력약화, 당뇨병, 항노화, 중금속 해독 등에 뛰어난 임상효과를 보였으며, 지구상의 모든 과일 중에 가장 강력한 항산화 기능을 보인 것으로 알려져 있습니다. 동유럽에서는 아로니아를 암과 심혈관 질환, 당뇨, 소화기와 호흡기 질환의 치료에 오랫동안 이용해왔습니다. 나아가 현재에도 폴란드에서는 아로니아를 이용한 다양한 의약품을 개발하는 동시에 아로니아 육생을 국가 차원의 대규모 투자 사업으로 지정하였으며, 일본 후생성의 임상실험 결과 폴란드산 아로니아는 농약과 화학비료로 인한 오염이 전혀 없으며 토양과 대기오염에서도 안전한 것으로 드러났습니다.

이와 관련해 2006년 이태리 로마의 국제 동맥경화치료학회에 참가한 바르샤바 의대의 마렉 교수는 "프랑스인들이 심장병 예방을 위해 레드와인을 마시고, 미국인들은 크렌베리를 즐긴다면, 폴란드인들은 아로니아에게 감사해야 할 것"이라고 발표한 바 있습니다.

실로 동양에 인삼이 있었다면, 아로니아는 중세 동유럽에서 이른바 만병통치약으로 알려졌던 과실로서, 한때 우크라이나의 체르노빌 사태 때 피폭자들을 치료하는 치료약으로 사용될 만큼 그 의학적 성분이 입증된 과실입니다.

폴리페놀과 카로티노이드의 연구보고

아로니아는 아사이베리에 비해 400배 이상의 카테킨과 폴리페놀을 함유하고 있다. 특히 이 폴리페놀은 산화독소나 유해산소로 손상된 DNA를 복구하는 신호전달분자, 또는 죽은 세포를 처리하는 청소부 역할을 하며 나아가 항산화 작용과 면역 개선 작용이 뛰어난 루테인과 크산틴도 주목할 만한 아로니아 성분체이며, 당근에 많이 함유된 베타카로틴과 토마토의 붉은 색소 성분이 라이코펜 함유량도 월등해서 항암과 시력개선 작용에 뛰어난 효능을 보이는 것으로 알려져 있다.

이 모든 분께 이 책을 권합니다

- 오랜 질병으로 고통 받고 계시는 분들
- 평소 심혈관 질환이 걱정되시는 분들
- 운동이 부족하거나 질병의 후유증이 있으신 분들
- 항상 피곤하고 활력이 없는 분들
- 시력 저하를 겪고 계시는 분들
- 가족들의 건강을 챙기고 싶은 분들

ISBN 978-89-97385-04-1

값 3,000원

www.moabooks.com

혈관이 당신의 건강을 위협하고 있다.

현대인의 사망 원인 30% 이상을 차지하는
심혈관 질환은 모세혈관이 단단하게 굳어져 발생된다.

모아북스
MOABOOKS